攀枝花清甜香型风格烟叶栽培技术

主编 吕婉茹 唐力为

四川科学技术出版社

图书在版编目(CIP)数据

攀枝花清甜香型风格烟叶栽培技术／吕婉茹,唐力
为主编. -- 成都：四川科学技术出版社,2025.1.
ISBN 978-7-5727-1628-7

Ⅰ. S572

中国国家版本馆 CIP 数据核字第 2025SB0814 号

攀枝花清甜香型风格烟叶栽培技术
PANZHIHUA QINGTIANXIANGXING FENGGE YANYE ZAIPEI JISHU

主　　编	吕婉茹　唐力为
出 品 人	程佳月
责任编辑	李　珉　王　娇
助理编辑	张雨欣
责任出版	欧晓春
出版发行	四川科学技术出版社
	成都市锦江区三色路 238 号　邮政编码　610023
	官方微博 http://weibo.com/sckjcbs
	官方微信公众号 sckjcbs
	传真 028-86361756
成品尺寸	170 mm×240 mm
印　　张	8.25
字　　数	165 千字
印　　刷	成都一千印务有限公司
版　　次	2025 年 1 月第 1 版
印　　次	2025 年 1 月第 1 次印刷
定　　价	78.00 元

ISBN 978-7-5727-1628-7

邮　　购：成都市锦江区三色路 238 号新华之星 A 座 25 楼　邮政编码：610023
电　　话：028-86361770

本书编委会

主　编

　　吕婉茹(攀枝花市农林科学研究院)　　唐力为(攀枝花市农林科学研究院)

副主编

　　张锦韬(湖南中烟工业有限责任公司)　　杨建春(四川省烟草公司攀枝花市公司)

编　委(排名不分先后)

　　孙　强(攀枝花市农林科学研究院)　　王　斌(攀枝花市农林科学研究院)

　　李再胜(攀枝花市农林科学研究院)　　杨军伟(四川省烟草公司攀枝花市公司)

　　封　俊(四川省烟草公司攀枝花市公司)　　刘　余(四川省烟草公司攀枝花市公司)

　　杨章明(四川省烟草公司攀枝花市公司)　　曾宗梁(四川省烟草公司攀枝花市公司)

　　叶田会(四川省烟草公司攀枝花市公司)　　甘　勇(四川省烟草公司攀枝花市公司)

　　范洪树(四川省烟草公司攀枝花市公司)　　毕鑫云(四川省烟草公司攀枝花市公司)

　　陈立波(四川省烟草公司攀枝花市公司)　　阳清元(湖南中烟工业有限责任公司)

　　夏　凯(湖南中烟工业有限责任公司)　　唐应勇(湖南中烟工业有限责任公司)

　　肖宇凡(湖南中烟工业有限责任公司)　　叶惠源(湖南中烟工业有限责任公司)

　　门思润(湖南中烟工业有限责任公司)　　张映杰(四川省烟草公司攀枝花市公司)

　　张宗锦(四川省烟草公司攀枝花市公司)　　曾庆宾(四川省烟草公司攀枝花市公司)

　　杨　鹏(四川省烟草公司攀枝花市公司)　　蒋加奇(攀枝花市农林科学研究院)

　　何元兵(攀枝花市农林科学研究院)　　郑家敏(攀枝花市农林科学研究院)

审　稿

　　罗桂仙(攀枝花市农林科学研究院)　　向裕华(攀枝花市农林科学研究院)

内容简介

　　日照强、气候干燥等特殊的生态环境，使攀枝花烟区出产的烤烟具有独特的清甜香型风格特色。近些年，为服务"三农"，巩固拓展脱贫攻坚成果，帮助更多的烟农朋友种植出优质的清甜香型风格烟叶，提升经济效益；同时服务于工业，协调商业、工业和烟叶种植户三方的利益，使攀枝花烤烟产业可持续发展及更具竞争力，攀枝花市农林科学研究院组织科研工作者，对清甜香型风格烟草栽培进行了关键生产技术科技攻关，总结出一套能彰显烤烟清甜香型风格特色的关键栽培技术。

　　本书以科研理论结合实际种植技术，图文并茂，文字浅显易懂，内容包含品种、烤烟的主要农艺指标、田间栽培管理技术、采收管理技术、科学调制技术及烟叶分级与储存保管等，依据攀枝花烟区山地烟种植技术，制定的"中棵"烤烟参数指标及栽培技术规范，也适合其他植烟区，可资参考或借鉴。

　　由于编者水平有限，书中不足之处在所难免，恳请读者指正。

目
录

第四章▎彰显攀枝花烟区清甜香型风格特色烟叶栽培技术

| 第一章 |

攀枝花特有的生态条件

攀枝花市位于中国西南川滇交界部,北纬 26°05′~27°21′,东经 101°08′~102°15′,金沙江与雅砻江交汇于此。东、北面与四川省凉山彝族自治州(后文简称凉山州)的会理、德昌、盐源 3 县接壤,西、南面与云南省的宁蒗、华坪、永仁 3 县交界,总面积 7 440.398 km²。北距成都 749 km,南距昆明 351 km,是四川省通往东南亚沿边、华南沿海口岸的最近点。

第一节 气候

攀枝花市气候独特,年太阳辐射为 4 960~5 630 MJ/m²,年日照时数达 2 000~2 700 h,年均温 14.2~20.3 ℃,≥10 ℃活动积温 4 697~6 223 ℃,≥20 ℃持续天数 80~172 d,无霜期 240~346 d,日照百分率 45%~59%,光热资源丰富。其河谷地带属南亚热带半干旱气候类型,光热富足,气候干暖而不燥热。是四川省年平均气温总热量最高的地区。

由于攀枝花是多类型气候,地区间的雨量分布极不均,不能主观地用各区县的平均年降水量来简单代表攀枝花地区的年降水量。因此,以攀枝花市米易县麻陇彝族乡主要植烟区 2011—2022 年,每年 5—9 月雨季的降水量、月平均气温和日照时数,来客观地说明该地区近年来的气候变化情况。见表 1 所示。

一、降水量

2011—2013 年度 5—9 月,降水量在 700~900 mm,自 2014 年开始至 2018 年,5—9 月降水量增加至 1 000~1 400 mm,但从 2019 年开始,5—9 月降水量又回落至

700～1 100 mm，年度间呈现出波浪状曲线。2019 年 5—9 月的降水量最少，733.6 mm；2016 年 5—9 月降水量最高，1 355.9 mm。2014、2015 和 2019 年 5 月份的降水量非常少。12 年间，每年降水量在 700～1 400 mm 范围内波动，降水基本集中在 6、7、8、9 这 4 个月份。因数据统计来源不同，故对本书表格中的同一数值不做统一规范处理。

表 1　攀枝花市米易县麻陇彝族乡 2011—2022 年度
每年 5—9 月降水量统计表　　　　　　单位：mm

年份	月份					总降水量
	5	6	7	8	9	
2011	71.0	211.8	146.6	88.2	219.6	737.2
2012	23.9	207.7	227.3	87.5	217.2	763.6
2013	116.7	132.7	285.1	229.2	134.0	897.7
2014	9.9	373.4	381.3	279.5	229.8	1 273.9
2015	9.6	46.0	192.8	480.1	474.7	1 203.2
2016	123.2	487.9	389.7	128.0	227.1	1 355.9
2017	83.0	368.6	299.2	171.5	353.9	1 276.2
2018	138.0	387.6	176.2	115.3	215.3	1 032.4
2019	35.1	187.8	168.9	158.4	183.4	733.6
2020	71.9	155.0	115.8	351.5	278.0	972.2
2021	16.4	250.8	262.1	267.3	159.7	956.3
2022	217.2	179.2	315.5	154.2	171.7	1 037.8

二、月平均气温

2011—2022 年，每年 5—9 月的平均气温在 19～27 ℃，不超过 27 ℃，不低于 19 ℃。每年 5—9 月均气温最高的年份是 2019 年，为 26.12 ℃；最低月平均气温年份是 2022 年，为 19.76 ℃，2016 年度最低气温是 20.0 ℃，见表 2 所示。这正好和降水量的最小值和最大值形成对应，雨水多的年份，月均气温较低，雨水少的年份，月均气温就较高。每年 5—9 月的月平均气温比较均衡，月份间相差不大。

表 2　攀枝花市米易县麻陇彝族乡 2011—2022 年
每年 5—9 月月平均气温统计表

单位：℃

年份	月份					平均气温
	5	6	7	8	9	
2011	24.7	26.0	25.9	25.3	24.1	25.2
2012	27.8	24.4	24.8	24.8	21.6	24.7
2013	18.8	20.8	20.3	20.0	21.5	20.3
2014	22.5	20.5	20.4	19.7	19.4	20.5
2015	21.6	22.6	19.6	19.2	19.0	20.4
2016	19.6	20.4	20.2	22.1	17.8	20.0
2017	18.9	20.1	19.8	20.8	19.8	19.88
2018	25.3	24.4	26.0	25.2	22.7	24.72
2019	29.0	28.4	25.0	25.8	22.4	26.12
2020	25.1	28.7	26.3	25.2	22.9	25.64
2021	21.6	21.5	21.0	20.9	19.9	20.98
2022	17.1	19.3	22.3	22.3	17.8	19.76

三、日照时数

2011—2022 年，每年 5—9 月份的日照时数为 700～1 600 h，不低于 700 h，不高于 1 600 h。比较特别的是 2021 年 5—9 月，日照时数最高，达到了 1 540.9 h，该年度月份间日照时数都比较均匀，见表 3 所示。

表 3 攀枝花市米易县麻陇彝族乡 2011—2022 年
每年 5—9 月日照时数统计表 单位：h

年份	月份					总日照数
	5	6	7	8	9	
2011	249.8	236.0	187.7	222.4	184.3	1 080.2
2012	249.4	123.8	177.5	175.5	108.7	834.9
2013	245.4	226.3	155.7	192.4	134.6	954.4
2014	288.5	142.0	184.0	150.4	183.9	948.8
2015	315.3	236.6	150.3	110.9	125.6	938.7
2016	245.7	148.2	146.6	226.6	99.7	867.0
2017	216.7	176.1	147.1	176.1	142.8	858.8
2018	231.4	115.6	172.6	177.1	109.7	806.4
2019	281.3	215.6	97.5	202.0	102.6	899.0
2020	221.0	221.8	84.8	130.8	88.5	746.9
2021	335.8	308.2	312.8	300.4	283.7	1 540.9
2022	151.8	98.3	228.5	207.2	92.9	778.7

第二节　土壤

攀枝花市地处攀西裂谷中南段，属浸蚀、剥蚀中山丘陵、山原峡谷地貌，山高谷深、盆地交错分布，地势由西北向东南倾斜，山脉走向近于南北，是大雪山的南延部分。地貌类型复杂多样，可分为平坝、台地、高丘陵、低中山、中山和山原 6 类，以低中山和中山地貌为主，占全市面积的 88.38%。市域最高海拔 4 195.5 m，位于盐边县柏林山穿洞子；最低海拔 937 m，位于仁和区平地镇师庄。

一、土壤类型

复杂多样的地貌形成了攀枝花复杂多样的土壤类型，多为冲积土、水稻土、紫色土、红壤、红色石灰土、红黄壤。攀枝花市土壤分类表对攀枝花的土壤类型做了细致的分类，且统计出各种土壤类型在耕地中所占的比例。植烟区土壤类型主要以赤红壤、棕壤、黄棕壤为主。见表4所示，表中空白处为无法获得。

表4 攀枝花市土壤分类表

土类	亚类	土属	土种	耕地		自然土		土类合计	
				面积/亩	占耕地比例/%	面积/亩	占自然土比例/%	面积/亩	占辖区面积比例/%
燥红土	总计			7 388.1	0.77	79 747.5	0.81	87 135.6	0.78
	红褐土	红褐土	燥黄沙泥土	7 388.1	0.77	79 747.5	0.81	87 135.6	0.78
赤红壤	总计			34 489.8	3.60	537 890.4	5.47	572 380.2	5.14
	赤红壤	合计		26 695.8	2.79	503 590.4	5.12	530 286.2	4.76
		赤红泥土	小计	24 486.9	2.56	—	—	—	—
			赤红泥土	12 861.6	1.34	—	—	—	—
			铁盘红泥土	251.2	0.03	—	—	—	—
			黄红胶泥土	2 963.7	0.31	—	—	—	—
			黄泥大土	5 753.4	0.60	—	—	—	—
			鸭屎泥土	2 657.0	0.28	—	—	—	—
		赤红沙泥土	小计	2 208.9	0.23	—	—	—	—
			赤红沙泥土	1 310.9	0.14	—	—	—	—
			黄泥小土	898.0	0.09	—	—	—	—
	赤红壤性土	合计		7 794.0	0.81	34 300.0	0.35	42 094	0.38
		羊肝石赤红泥土	小计	3 255.6	0.34	—	—	—	—
			羊毛泥沙土	2 091.0	0.22	—	—	—	—
			羊肝石黄红泥土	1 164.6	0.12	—	—	—	—
		夹石沙泥土	小计	4 538.4	0.47	—	—	—	—
			夹石黄泥土	2 195.8	0.23	—	—	—	—
			扁沙泥土	1 072.8	0.11	—	—	—	—
			红扁沙泥土	1 269.3	0.13	—	—	—	—
红壤	总计			306 292.3	31.96	5 647 842.1	57.38	5 954 134.4	53.47
	山原红壤	合计		62 622.8	6.53	1 886 949.0	19.17	1 949 571.8	17.51
		红褐泥土	小计	5 925.6	0.61	—	—	—	—
			褐红泥土	5 925.6	0.61	—	—	—	—

续表

土类	亚类	土属	土种	耕地		自然土		土类合计	
				面积/亩	占耕地比例/%	面积/亩	占自然土比例/%	面积/亩	占辖区面积比例/%
红壤	山原红壤	褐红沙泥土	小计	1 896.4	0.20	—	—	—	—
			褐红沙泥土	1 896.4	0.20	—	—	—	—
		红泥土	小计	41 502.0	4.33	—	—	—	—
			红泥土	12 892.5	1.35	—	—	—	—
			黄红泥土	2 860.4	0.31	—	—	—	—
			黄胶泥土	3 587.9	0.34	—	—	—	—
			红沙泥土	10 897.5	1.14	—	—	—	—
			大黄沙泥土	9 825.0	1.04	—	—	—	—
			灰沙泥土	1 438.7	0.15	—	—	—	—
		红沙泥土	小计	13 298.8	1.39	—	—	—	—
			红泥沙土	7 961.5	0.83	—	—	—	—
			小黄沙泥土	3 217.4	0.34	—	—	—	—
			灰泥沙土	2 119.9	0.22	—	—	—	—
			合计	131 405.2	13.70	2 468 869.0	25.06	2 500 274.2	23.33
棕壤	棕红壤	棕红泥土	小计	89 550.2	9.34	—	—	—	—
			红黄泥土	21 104.5	2.20	—	—	—	—
			淡黄沙泥土	33 748.6	3.52	—	—	—	—
			红泥大土	20 606.3	2.15	—	—	—	—
			黑沙泥土	7 857.3	0.82	—	—	—	—
			小粉土	6 233.5	0.65	—	—	—	—
		棕红沙泥土	小计	41 855.0	4.37	—	—	—	—
			黄红沙泥土	21 203.9	2.22	—	—	—	—
			红泥小土	4 160.4	0.43	—	—	—	—
			沙黄泥土	3 176.9	0.33	—	—	—	—
			黑鸭屎泥土	5 065.9	0.53	—	—	—	—
			暗黄沙土	8 248.3	0.86	—	—	—	—
			合计	112 264.4	11.71	1 292 024.1	13.15	1 404 288.4	12.63
	红壤性土	羊肝石土	小计	64 754.7	6.76	—	—	—	—
			羊毛沙土	49 793.1	5.20	—	—	—	—
			羊肝石黄泥土	14 961.6	1.56	—	—	—	—

续表

土类	亚类	土属	土种	耕地		自然土		土类合计	
				面积/亩	占耕地比例/%	面积/亩	占自然土比例/%	面积/亩	占辖区面积比例/%
红壤	红壤性土	黄沙泥土	小计	31 393.7	3.28	—	—	—	—
			黄沙泥土	19 214.7	2.00	—	—	—	—
			黄泥土	7 266.1	0.76	—	—	—	—
			黄沙土	3 389.6	0.36	—	—	—	—
			白泥土	1 523.3	0.16	—	—	—	—
		红黄菜园土	小计	16 116.0	1.68	—	—	—	—
			菜园黄沙泥土	9 483.8	0.99	—	—	—	—
			菜园黄泥土	2 322.1	0.24	—	—	—	—
			菜园大土泥土	1 481.8	0.15	—	—	—	—
			菜园红沙泥土	979.6	0.11	—	—	—	—
			菜园黑沙泥土	332.1	0.03	—	—	—	—
			菜园黑泥土	1 516.6	0.16	—	—	—	—
	总计			71 498.4	7.46	1 450 328.8	14.74	1 521 827.2	13.67
黄棕壤	黄棕壤		合计	71 498.4	7.46	1 450 328.8	14.74	1 521 827.2	13.67
		残坡积黄棕壤	小计	71 498.4	7.46	—	—	—	—
			黄灰泡土	63 939.2	6.67	—	—	—	—
			灰泡土	7 559.2	0.79	—	—	—	—
棕壤	棕壤		总计	68 539.2	7.15	504 211.5	5.12	572 750.7	5.14
			合计	68 539.2	7.15	504 211.5	5.12	572 750.7	5.14
		残坡积棕壤	小计	47 646.8	4.97	—	—	—	—
			冷灰泡土	47 646.8	4.97	—	—	—	—
		红棕泥土	小计	20 892.4	2.18	—	—	—	—
			红灰泡土	20 892.4	2.18	—	—	—	—
暗棕壤	暗棕壤		总计	—	—	107 965.0	1.10	107 965.0	0.97
			暗棕壤	—	—	107 965.0	1.10	107 965.0	0.97

续表

土类	亚类	土属	土种	耕地		自然土		土类合计	
				面积/亩	占耕地比例/%	面积/亩	占自然土比例/%	面积/亩	占辖区面积比例/%
亚高山草甸土	总计			—	—	34 700.0	0.35	34 700.0	0.31
	亚高山灌丛草甸土			—	—	34 700.0	0.35	34 700.0	0.31
新积土	总计			15 442.5	1.62	—	—	15 442.5	0.14
	新积土	合计		15 442.5	1.62	—	—	15 442.5	0.14
		黄红新积土	小计	2 551.5	0.27	—	—	—	—
			黄红潮沙土	2 551.5	0.27	—	—	—	—
		红紫新积土	小计	4 004.4	0.42	—	—	—	—
			潮沙土	3 639.3	0.38	—	—	—	—
			潮沙泥土	365.4	0.04	—	—	—	—
		新积菜园土	小计	8 886.6	0.93	—	—	—	—
			菜园潮沙土	1 868.5	0.19	—	—	—	—
			菜园潮沙泥土	7 018.1	0.74	—	—	—	—
紫色土	总计			56 493.4	5.89	860 179.0	8.74	916 672.4	8.23
	酸性紫色土	红紫泥土	合计	35 511.9	3.71	247 144.0	2.51	282 655.9	2.54
			小计	35 511.9	3.71	—	—	—	—
			红紫沙泥土	26 574.6	2.77	—	—	—	—
			泥夹石骨土	8 955.3	0.94	—	—	—	—
	中性紫色土	暗紫泥土	合计	20 981.5	2.18	613 035.0	6.23	634 016.5	5.69
			小计	20 981.5	2.18	—	—	—	—
			紫沙泥土	12 256.5	1.28	—	—	—	—
			黄紫泥沙土	7 428.1	0.77	—	—	—	—
			黄紫泥土	1 296.9	0.13	—	—	—	—
红色石灰土	总计			35 103.1	3.66	619 288.8	6.29	654 391.9	5.88
	红色石灰土	红色石灰土	合计	35 103.1	3.66	619 288.8	6.29	654 391.9	5.88
			小计	35 103.1	3.66	—	—	—	—
			矿子红泥土	10 434.4	1.09	—	—	—	—

续表

土类	亚类	土属	土种	耕地 面积/亩	耕地 占耕地比例/%	自然土 面积/亩	自然土 占自然土比例/%	土类合计 面积/亩	土类合计 占辖区面积比例/%
红色石灰土	红色石灰土	红色石灰土	矿子红沙泥土	13 103.1	1.37	—	—	—	—
			矿子黄沙泥土	10 189.7	1.06	—	—	—	—
			矿子黑沙泥土	1 376.1	0.14	—	—	—	—
总计				363 143.2	37.89	—	—	363 143.2	3.26
水稻土	淹育型水稻土	合计		354 072.1	36.94	—	—	—	—
		红紫新积田	小计	12 949.7	1.35	—	—	—	—
			潮沙田	1 758.1	0.18	—	—	—	—
			潮沙泥田	7 645.5	0.80	—	—	—	—
			潮泥田	3 546.1	0.37	—	—	—	—
		黄红新积田	小计	20 747.7	2.16	—	—	—	—
			黄红潮沙田	4 493.9	0.47	—	—	—	—
			黄红潮沙泥田	16 253.8	1.69	—	—	—	—
		酸性紫泥田	小计	5 229.2	0.54	—	—	—	—
			黄紫沙泥田	4 063.1	0.42	—	—	—	—
			黄紫泥田	1 166.1	0.12	—	—	—	—
		中性紫泥田	小计	9 961.9	1.04	—	—	—	—
			紫沙泥田	8 126.0	0.85	—	—	—	—
			紫沙田	693.7	0.07	—	—	—	—
			紫胶泥田	1 142.2	0.12	—	—	—	—
		羊肝石田	小计	41 225.2	4.30	—	—	—	—
			羊肝石黄沙泥田	17 497.4	1.83	—	—	—	—
			羊肝石黄泥田	13 732.9	1.43	—	—	—	—
			羊肝石白泥田	8 602.9	0.90	—	—	—	—
			羊肝石大土泥田	1 392.1	0.14	—	—	—	—

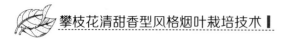

续表

土类	亚类	土属	土种	耕地		自然土		土类合计	
				面积/亩	占耕地比例/%	面积/亩	占自然土比例/%	面积/亩	占辖区面积比例/%
水 稻 土	淹育型水稻土	红泥田	小计	137 242.3	14.32	—	—	—	—
			大红泥田	16 199.6	1.68	—	—	—	—
			红沙泥田	4 686.6	0.49	—	—	—	—
			大土黄泥田	55 633.4	5.80	—	—	—	—
			黄沙泥田	38 133.2	3.98	—	—	—	—
			耳巴泥田	2 176.4	0.23	—	—	—	—
			黑胶泥田	15 439.2	1.61	—	—	—	—
			灰沙泥田	4 973.8	0.52	—	—	—	—
		红黄沙泥田	小计	126 716.1	13.22	—	—	—	—
			黄泥沙田	56 109.1	5.85	—	—	—	—
			灰泥沙田	4 095.4	0.43	—	—	—	—
			鸭屎泥田	8 743.8	0.91	—	—	—	—
			小土黄泥田	49 359.2	5.15	—	—	—	—
			小红泥田	4 239.2	0.44	—	—	—	—
			大土泥田	4 169.4	0.44	—	—	—	—
	潴育型水稻土	铁子红泥田	合计	2 196.6	0.23	—	—	—	—
			小计	2 196.6	0.23	—	—	—	—
			铁子红泥田	1 946.3	0.20	—	—	—	—
			黄泥田	250.3	0.03	—	—	—	—
	潜育型水稻土	红黑泥田	合计	6 874.5	0.72	—	—	—	—
			小计	6 874.5	0.72	—	—	—	—
			冷烂田	2 516.1	0.26	—	—	—	—
			黑沙泥田	1 835.3	0.19	—	—	—	—
			黑鸭屎泥田	2 523.1	0.27	—	—	—	—
其他（包括城乡用地、交通用地、裸岩、水域）				—	—	—	—	335 591.9	3.01
汇　计				958 390.0	100.00	9 842 153.10	100.00	10 800 543.1	96.99
				—	—	—	—	11 136 135.0	100.00

注：1 亩 ≈ 0.0667 hm² ≈ 667 m²。

二、土壤营养

2017 年，研究人员取攀枝花市米易县主要植烟区有代表性的土壤样品 41 份，对土样中的大量及中微量元素进行了检测分析，见表 5 所示，并对土壤营养进行了客观评价。

表 5 攀枝花市土壤分析检测表

取样地点	土壤类型	pH值	有机质/ (g·kg⁻¹)	水解氮/ (mg·kg⁻¹)	速效磷/ (mg·kg⁻¹)	速效钾/ (mg·kg⁻¹)	氯离子/ (mg·kg⁻¹)	速效锌/ (mg·kg⁻¹)	速效铁/ (mg·kg⁻¹)	速效镁/ (mg·kg⁻¹)	速效锰/ (mg·kg⁻¹)	速效钙/ (mg·kg⁻¹)	速效铜/ (mg·kg⁻¹)	速效钠/ (mg·kg⁻¹)	速效硫/ (mg·kg⁻¹)
草坝村五社	壤土	6.11	30.4	155	1.08	149	10.0	2.84	14	80.6	10	499	2.46	2.52	12.2
草坝村三社	黏土	5.48	27.7	132	1	194	15.36	1.42	17	51.8	6.92	286	1.94	1.88	12.1
得石镇草坝村五社	沙土	5.89	12.2	56.7	1.17	19.5	17.53	0.668	7.96	269	5.48	777	0.211	5.46	2.76
马井村五社	壤土	4.95	47.1	156	2.5	166	11.14	1.97	48.8	38.4	56	302	0.938	4.72	102
云盘村五社	黏土	4.9	36.6	162	10.4	338	9.16	5.44	115	24.4	18.8	261	1.39	4.01	48.2
	沙土	4.62	30.3	130	6.99	271	17.7	3.78	104	23.8	19.7	312	0.916	3.7	63.7
照壁村四社	壤土	5.42	22.7	133	1.84	295	16.74	4.12	33.6	82.1	6.66	511	0.7	4.9	38
	黏土	5.05	45.3	140	1.36	295	50.97	2.03	30.2	47.8	14.2	390	0.464	5.14	126
	沙土	4.58	26.2	125	5	177	23.76	3.04	114	26	34.4	228	0.639	6.5	85.9
龙塘村七社	壤土	6.28	38.4	140	3.94	83.8	15.42	1.76	13.9	209	6.02	588	2.32	2.74	10
棕树湾村四社	黏土	5.73	23.5	128	1.39	171	19.52	2.51	26.8	29.4	28	221	1.28	2.68	60.4
棕树湾村十社	沙土	5.15	42.7	159	1.62	264	20.92	2.24	57.4	29.4	12.8	258	3.11	5.68	56.8

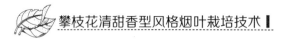

续表

取样地点	土壤类型	pH值	有机质/ (g·kg⁻¹)	水解氮/ (mg·kg⁻¹)	速效磷/ (mg·kg⁻¹)	速效钾/ (mg·kg⁻¹)	氯离子/ (mg·kg⁻¹)	速效锌/ (mg·kg⁻¹)	速效铁/ (mg·kg⁻¹)	速效镁/ (mg·kg⁻¹)	速效锰/ (mg·kg⁻¹)	速效钙/ (mg·kg⁻¹)	速效铜/ (mg·kg⁻¹)	速效钠/ (mg·kg⁻¹)	速效硫/ (mg·kg⁻¹)
晃桥村九社	壤土	4.45	46	221	2.31	79.6	18.36	2.88	162	35.6	18	163	3.82	7.76	49.7
晃桥村十社	黏土	4.76	57.5	261	3.04	119	16.5	2.91	134	21.8	6.96	197	4.42	6.06	44.8
龙华村十一社	沙土	5.07	33.7	195	4.28	219	16.1	5.8	103	39.3	45.6	229	3.78	5.18	40
西番村四社	壤土	5.75	34.2	112	1.96	294	19.02	1.41	39.9	48.2	9.93	347	1.04	6.02	126
龙滩村二社	黏土	6.19	32.3	148	4	123	24.49	0.985	36.4	84.6	2.06	506	3.24	4.58	12.8
板树村二社	沙土	5.76	42.1	146	5.07	452	25.12	2.82	27.5	39.8	4.93	494	1.26	5.72	71.6
青山村六社	壤土	5.47	17.8	69.4	1.38	91.4	16.21	1.1	122	357	6.31	556	2.44	4.04	7.3
青山村四社	黏土	5.2	32.4	164	2.27	202	13	1.67	64.6	69.9	9.14	308	1.2	3.72	16
青山村二社	沙土	5.32	35.2	147	1.22	126	20.95	0.716	43.1	90.3	2.96	354	2.64	5.26	12.2
核桃坪村三社	壤土	5.6	43.4	132	7.26	218	19.65	1.6	164	31.5	33.1	238	0.698	6.67	23.6
	黏土	5.09	47.6	153	5.44	117	17.79	1.48	56.9	10.6	35.1	264	0.691	2.82	194
	沙土	4.78	47.6	172	4.42	498	28.9	1.64	55.1	24.8	70.3	237	0.805	8.28	290
李明文村三社	壤土	5.06	46.2	164	6.4	397	23.37	4.5	69.1	20	28.6	228	1.08	6.48	240
	黏土	5.06	28.7	118	1.61	164	19.82	2.89	90	20.4	24.8	238	1.32	4.94	142
	沙土	5.08	32.8	180	3.31	476	59.27	2.1	52.2	55.4	25.4	428	1.46	6.18	228

续表

取样地点	土壤类型	pH值	有机质/(g·kg⁻¹)	水解氮/(mg·kg⁻¹)	速效磷/(mg·kg⁻¹)	速效钾/(mg·kg⁻¹)	氯离子/(mg·kg⁻¹)	速效锌/(mg·kg⁻¹)	速效铁/(mg·kg⁻¹)	速效镁/(mg·kg⁻¹)	速效锰/(mg·kg⁻¹)	速效钙/(mg·kg⁻¹)	速效铜/(mg·kg⁻¹)	速效钠/(mg·kg⁻¹)	速效硫/(mg·kg⁻¹)
松坪村二社	壤土	5.07	21.8	239	1.39	178	52.47	1.01	14.2	20.9	9.1	244	0.266	10.8	48
	黏土	6	78.1	209	20.4	670	88.04	8.4	199	29.4	11.8	392	0.969	11.4	122
	沙土	4.96	61.6	257	10.1	318	19.4	6.46	140	24	9.66	312	0.951	10.9	104
中山村六社	壤土	5.17	11.2	84.7	0.233	191	20.3	1.72	6.14	21.6	3.7	193	1.54	3.36	148
中山村四社	壤土	5.96	17.2	81.6	6.39	115	15.7	2.36	132	43.4	16	236	2.92	5.15	32.6
中山村一社	黏土	5.02	24.8	110	1.61	57.7	22.62	2.83	22.2	95.3	32.8	397	3.62	3.67	112
护林村四社	壤土	5.46	41.6	157	1.46	102	25.72	1.42	61.8	62.4	7.18	418	5.15	4.84	72
牛棚村八社	黏土	5.13	35.2	148	0.919	32.9	15.89	3.49	183	54.4	7.24	264	11.5	3.81	126
护林村四社	沙土	6.16	39.1	144	1.85	365	19.9	7.69	40.8	66.6	25	440	8.18	6.04	77.8
海塔村五社	壤土	5.8	28.4	124	1.93	228	10.77	1.73	9.96	113	5.54	560	0.93	3.74	39.6
	黏土	5.62	34.7	134	3.54	287	25.15	2	48.3	54.4	25.6	396	1.36	4.4	60.9
金花村四社	沙土	5.04	22.3	78.2	1.29	117	18.42	1.64	39.7	118	82.8	546	0.749	11.2	222
贤家村十八社	黏土	4.72	41.4	176	5.61	136	25.27	3.17	318	25.2	30	170	6.95	7.43	82.1
	黏土	5.15	34.8	143	2.19	312	23.68	2.01	38.5	59.7	12.7	431	4.94	4.4	45.4

1. 土壤的酸碱度

适宜种植烤烟的土壤酸碱度范围为 pH 值 5.0~7.5，最适宜范围为 pH 值 5.5~6.5。从检测结果来看，米易县所有的植烟区土壤都呈酸性，pH 值 5.0~7.5 的土壤占 78%，即大部分土壤酸碱度适合种烟草，其中 pH 值 5.5~6.5 的最适宜种烟土壤占调查总数的 31.7%。见表 6 所示。

表6　米易县植烟区土壤酸碱度情况

土壤酸碱度	pH 值	占比/%
强酸性	≤5.0	22.0
酸性	5.0~5.5	46.3
弱酸性	5.5~6.5	31.7
中性	6.5~7.5	0
碱性	≥7.5	0

2. 土壤中的有机质

土壤中的有机质：缺乏占总调查样本的 9.8%，极丰富占 7.3%，适中至丰富占 82.9%。见表 7 所示。

表7　米易县植烟区土壤中的有机质情况

有机质	含量/（mg·kg^{-1}）	占比/%
缺乏	≤20.0	9.8
适中	20.0~30.0	22.0
较丰富	30.0~40.0	34.1
丰富	40.0~50.0	26.8
极丰富	≥50.0	7.3

3. 土壤中的水解氮

水解氮：极缺的土壤没有，较缺乏的土壤占 12.2%，含量适中的土壤占 46.3%，较丰富的土壤占 29.3%，丰富的土壤占 12.2%，见表 8 所示。

表8 米易县植烟区土壤中的水解氮情况

水解氮	含量/（mg·kg^{-1}）	占比/%
极缺	≤50.0	0
较缺	50.0~100.0	12.2
适中	100.0~150.0	46.3
较丰富	150.0~200.0	29.3
丰富	≥200.0	12.2

4. 土壤中的速效磷

土壤中的速效磷：极缺土壤占73.2%，较缺乏的土壤占19.5%，适中的土壤只占7.3%，较丰富和丰富的土壤没有，植烟区整体较缺磷。见表9所示。

表9 米易县植烟区土壤中的速效磷情况

速效磷	含量/（mg·kg^{-1}）	占比/%
极缺	≤5.0	73.2
较缺	5.0~10.0	19.5
适中	10.0~25.0	7.3
较丰富	25.0~40.0	0
丰富	≥40.0	0

5. 土壤中的速效钾

土壤中的速效钾：极缺至较缺的土壤占34.1%，适中至丰富的土壤占65.9%，说明多数植烟区土壤速效钾含量较高，约30%的土壤钾含量不足。见表10所示。

表10 米易县植烟区土壤中的速效钾情况

速效钾	含量/（mg·kg^{-1}）	占比/%
极缺	≤120.0	26.8
较缺	120.0~160.0	7.3
适中	160.0~200.0	17.1
较丰富	200.0~240.0	12.2
丰富	≥240.0	36.6

6. 土壤中的速效钙

土壤中的速效钙：含量适中的土壤占 22.0%，极缺和较缺的土壤共占 78.1%，整体植烟区土壤速效钙含量非常不足。见表 11 所示。

表 11　米易县植烟区土壤中的速效钙情况

速效钙	含量/（mg·kg⁻¹）	占比/%
极缺	<240.0	29.3
较缺	240.0～480.0	48.8
适中	480.0～720.0	22.0
偏高	>720.0	0

7. 土壤中的速效镁

土壤中的速效镁：极缺的土壤占 68.3%，较缺的土壤占 22.0%，适中和偏高的土壤共占 9.7%，说明植烟区土壤速效镁非常不足。见表 12 所示。

表 12　米易县植烟区土壤中的速效镁情况

速效镁	含量/（mg·kg⁻¹）	占比/%
极缺	<60.0	68.3
较缺	60.0～120.0	22.0
适中	120.0～180.0	2.4
偏高	>180.0	7.3

8. 土壤中的速效硫

土壤中的速效硫：极缺和较缺的土壤共占 19.5%，含量适中的土壤只占了 12.2%，偏高的土壤占 68.3%，说明植烟区土壤有一半多的土壤速效硫含量偏高。见表 13 所示。

表 13　米易县植烟区土壤中的速效硫情况

速效硫	含量/（mg·kg⁻¹）	占比/%
极缺	<15.0	14.6
较缺	15.0～30.0	4.9
适中	30.0～40.0	12.2
偏高	>40.0	68.3

9. 土壤中的氯离子

土壤中的氯离子：含量适中的土壤占 31.7%，极缺和较缺的土壤共占 58.5%，过量和中毒的土壤占 9.7%，说明约一半植烟区土壤氯离子不足，但有少数土壤氯离子过量。见表 14 所示。

表 14 米易县植烟区土壤中的氯离子情况

氯离子	含量/（mg·kg⁻¹）	占比/%
极缺	≤10.0	2.4
较缺	10.0~20.0	56.1
适中	20.0~30.0	31.7
过量	30.0~60.0	7.3
中毒	≥60.0	2.4

10. 土壤中的速效锌

土壤中的速效锌：较缺的土壤只占了 7.3%，适中和较丰富的土壤占 80.4%，丰富的土壤占 12.2%，说明植烟区土壤整体速效锌含量充足。见表 15 所示。

表 15 米易县植烟区土壤中的速效锌情况

速效锌	含量/（mg·kg⁻¹）	占比/%
极缺	≤0.5	0
较缺	0.5~1.0	7.3
适中	1.0~2.0	34.1
较丰富	2.1~5.0	46.3
丰富	≥5.0	12.2

11. 土壤中的速效铁

土壤中的速效铁：含量较缺的土壤占 17.1%，含量适中的土壤占 34.1%，含量较丰富和丰富的土壤共占 48.8%。见表 16 所示。

表16 米易县植烟区土壤中的速效铁情况

速效铁	含量/（mg·kg⁻¹）	占比/%
极缺	≤4.5	0
较缺	4.5~20.0	17.1
适中	20.1~50	34.1
较丰富	50.1~100	17.1
丰富	≥100	31.7

12. 土壤中的速效铜

土壤中的速效铜：含量极缺和较缺的土壤没有，含量适中的土壤占34.1%，含量较丰富的土壤占24.4%，含量丰富的土壤占41.5%，说明植烟区速效铜含量充足。见表17所示。

表17 米易县植烟区土壤中的速效铜情况

速效铜	含量/（mg·kg⁻¹）	占比/%
极缺	≤0.1	0
较缺	0.1~0.2	0
适中	0.2~1.0	34.1
较丰富	1.1~1.8	24.4
丰富	≥1.8	41.5

13. 土壤中的速效锰

土壤中的速效锰：含量极缺的土壤没有，含量较缺的土壤占9.8%，含量适中的土壤占43.9%，含量较丰富和丰富的土壤占46.4%，说明植烟区土壤整体速效锰含量充足。见表18所示。

表18 米易县植烟区土壤中的速效锰情况

速效锰	含量/（mg·kg⁻¹）	占比/%
极缺	≤1.0	0
较缺	1.0~5.0	9.8
适中	5.0~15.0	43.9
较丰富	15.0~30.0	24.4
丰富	≥30.0	22.0

通过对米易县植烟区土壤中大量元素和中微量元素含量的检测结果分析，可看出植烟区土壤整体偏酸，大量元素中速效磷不足，有机质、水解氮和速效钾大部分充足；在中量元素钙、镁、硫、氯元素中，速效钙、速效镁和氯离子含量都不足，但速效硫含量偏高；在微量元素锌、铁、铜、锰元素中，速效锌、速效铁、速效铜和速效锰都非常充足。根据土壤营养的现状，补充钙、镁、磷肥后，非常适宜种植烤烟，能满足烤烟生长的营养需求。

第三节 植烟区分布

攀枝花烤烟种植的区域，包含了米易县、盐边县和仁和区。植烟区海拔跨度为1 600～2 500 m，2022 年度种植面积有7.1 万余亩，其中米易县种植3.5 万余亩，盐边县种植2.1 万余亩，仁和区种植1.5 万余亩，总产量20 余万担，总产值3 亿余元。

其具体分布为，米易县白坡彝族乡6 959 亩、普威镇3 850 亩、麻陇彝族乡3 284 亩、得石镇2 299 亩、湾丘彝族乡1 452 亩、白马镇1595 亩、草场镇639 亩、攀莲镇1 802 亩、撒莲镇1 680 亩、新山傈僳族乡5 439 亩、丙谷镇4 759 亩。

盐边县格萨拉彝族乡2 126 亩、温泉彝族乡1 100 亩、永兴镇1 528 亩、惠民镇66 亩、国胜乡550 亩、红宝苗族彝族乡450 亩、共和乡3 390 亩、渔门镇3 070 亩、红果彝族乡1 850 亩、新九镇1 017 亩、红格镇6 853 亩。

仁和区啊喇彝族乡3 200 亩、大田镇640 亩、大龙潭彝族乡5 700 亩、平地镇5 460亩、同德镇760 亩。

全市27 个烤烟种植乡镇中，米易县有11 个、盐边县有11 个、仁和区有5 个，烤烟面积超过5 000 亩的乡镇有米易县白坡乡、新山傈僳族乡，盐边县红格镇，仁和区大龙潭乡、平地镇，面积在3 000～5 000 亩的乡镇有6 个，面积在1 000～3 000亩的乡镇有10 个，面积不足1 000 亩的乡镇有6 个。

| 第二章 |

攀枝花烟叶的风格特征

第一节　烤烟香型风格特征

香型是用来描述发香物质或加香制品的整体香气类型或格调的术语，属于香料学范畴。香型由香气和香韵组成，其中，香韵是用来描述发香物质或加香制品所带有的某种香气的韵调。烤烟的香型是烟叶燃吸过程中烟气所表现出的整体香气特征的综合概括，是燃吸烟叶烟气所有香韵共同作用的体现。烤烟的香型是中式卷烟风格的重要构成因素，是烟叶风格特色的重要表征，是进行烟叶品质区域划分的重要依据，是制订生产技术措施，实施标准化生产的重要指标。因此，整个烟草行业对烤烟香型风格及其划分给予了高度的重视。特色烟叶指具有鲜明地域特点和质量风格，能够在卷烟配方中发挥独特作用或对卷烟风格特征起主导作用的烟叶。烟叶香型研究是特色烟叶研究开发的基础。

20世纪50年代，科研工作者对烤烟烟叶香气进行了研究，依据烟叶香气特征将烤烟香型划分为清香型、中间香型和浓香型3种类型。三大香型的提出，开创了我国卷烟配方工艺新理念，同时奠定了中式卷烟的风格基础。

清香型烤烟烟气清雅飘逸，浓度较淡，具有一种突出的清香，吸味舒适，生理强度柔软至适中，以云南大理和福建三明地区为所产烤烟代表；中间型烤烟具有清香气味，同时也有浓郁的香气，我国山东青州，贵州贵定、黔南，黑龙江牡丹江，辽宁等地所产的烤烟，多属于这一类型；浓香型烟叶具有香气，但不突出，普通而微弱，河南许昌和南阳、安徽凤阳等地是典型的浓香型烤烟产区。

然而随着我国经济社会高速发展，与 20 世纪相比，现阶段烟叶的生产布局、种植技术等已发生巨大变化，在行业"大市场、大企业、大品牌"战略的推进背景下，中式卷烟品类构建对烟叶原料风格多样化提出更高需求，工业企业对烟叶原料的利用由粗放向精细化转变；在这些因素的共同作用下，对有关烤烟香型的内涵、香型的标准、香型的描述、各类香型特征的异同及其之间的关系等，逐渐产生了很多不同的看法，三大香型不再能够满足时代的需要。在此背景下，相关企业和科研院所在继承传统三大香型的基础上，系统分析、借鉴、整合了行业多年来在烟叶质量、风格、特色研究方面取得的大量科技成果，构建了全国烤烟烟叶风格区划体系，将全国烤烟烟叶划分为八大香型。相比传统的三大香型，八大香型的风格类型、区域定位、特征描述等均有显著变化。

第二节　烤烟八大香型风格特征划分及特点

新的区划体系按照香型风格区划的特征可识别、工业可用性、产地典型性、配方可替代、管理可操作的五项基本原则，依据生态、感官、化学、代谢四个方面的研究结果，采用"典型地理生态＋特征香韵"的方法命名，将全国烤烟烟叶划分为西南高原生态区—清甜香型（Ⅰ区）、黔桂山地生态区—蜜甜香型（Ⅱ区）、武陵秦巴生态区—醇甜香型（Ⅲ区）、黄淮平原生态区—焦甜焦香型（Ⅳ区）、南岭丘陵生态区—焦甜醇甜香型（Ⅴ区）、武夷丘陵生态区—清甜蜜甜香型（Ⅵ区）、沂蒙丘陵生态区—蜜甜焦香型（Ⅶ区）、东北平原生态区—木香蜜甜香型（Ⅷ区）等香型。见表 19 所示。

表 19　八大香型烤烟烟叶区域定位

生态—香型风格区	区域分布	典型产地
西南高原生态区—清甜香型	玉溪、昆明、大理、曲靖、凉山、楚雄、红河、攀枝花、普洱、文山、临沧、保山、昭通、毕节西部、黔西南西部、六盘水西部、德宏、丽江、百色西部	江川（玉溪）

续表

生态—香型风格区	区域分布	典型产地
黔桂山地生态区—蜜甜香型	遵义、贵阳、毕节中部和东部、黔南、黔西南中部和东部、安顺、黔东南、铜仁、泸州、宜宾、六盘水中部和东部、百色中部和东部、河池	播州（遵义）
武陵秦巴生态区—醇甜香型	重庆、恩施、十堰、宜昌、湘西、张家界、怀化、常德、安康、汉中、商洛（镇安）、襄阳、广元、陇南	巫山（重庆）
黄淮平原生态区—焦甜焦香型	许昌、平顶山、漯河、驻马店、南阳、商洛（洛南）、洛阳、三门峡、宝鸡、咸阳、延安、庆阳、临汾、长治、运城	襄城（许昌）
南岭丘陵生态区—焦甜醇甜香型	郴州、永州、韶关、宣城、赣州、芜湖、长沙、衡阳、邵阳、池州、抚州、益阳、娄底、贺州、株洲、黄山、宜春、吉安、清远	桂阳（郴州）
武夷丘陵生态区—清甜蜜甜香型	三明、龙岩、南平、梅州	宁化（三明）
沂蒙丘陵生态区—蜜甜焦香型	潍坊、临沂、日照、淄博、青岛、莱芜	诸城（潍坊）
东北平原生态区—木香蜜甜香型	牡丹江、丹东、哈尔滨、绥化、赤峰、延边、朝阳、铁岭、大庆、白城、双鸭山、鸡西、七台河、长春、通化、抚顺、本溪、鞍山、阜新、锦州，以及华北地区的张家口、保定、石家庄	宁安（牡丹江）

第三节　清甜香型风格特色

一、烟叶风格特征

以干草香、清甜香、青香为主体，辅以蜜甜香、醇甜香、烘焙香、木香、酸香、焦香、辛香等，其特征为清甜香突出，青香明显，微有青杂气、生青气、木质气和枯焦气，烟气浓度、劲头中等。见表20所示。

表20 八大香型烤烟烟叶风格特征

生态—香型风格区	主要特征	主体香韵	辅助香韵	杂气	浓度	劲头
西南高原生态区—清甜香型	清甜香突出，青香明显	干草香、清甜香、青香	蜜甜香、醇甜香、烘焙香、木香、酸香、焦香、辛香等	微有青杂气、生青气、木质气和枯焦气	中等	中等
黔桂山地生态区—蜜甜香型	蜜甜香突出	干草香、蜜甜香	醇甜香、木香、清甜香、酸香、焦香、烘焙香、辛香等	微有青杂气、生青气和木质气	中等	中等
武陵秦巴生态区—醇甜香型	醇甜香突出	干草香、醇甜香	蜜甜香、木香、青香、焦香、辛香、酸香、烘焙香、焦甜香等	微有青杂气、生青气和木质气	中等	中等
黄淮平原生态区—焦甜焦香型	焦甜香突出，焦香较明显，树脂香微显	干草香、焦甜香、焦香、烘焙香	木香、醇甜香、坚果香、酸香、树脂香、辛香等	微有枯焦气、木质气和青杂气	中等	中等
南岭丘陵生态区—焦甜醇甜香型	焦甜香突出，醇甜香较明显，甜香香韵较丰富	干草香、焦甜香、焦香、烘焙香	醇甜香、木香、坚果香、酸香、辛香等	微有枯焦气、木质气和青杂气	中等~稍大	中等
武夷丘陵生态区—清甜蜜甜香型	清甜香突出，蜜甜香明显，花香微显，香韵种类丰富	干草香、清甜香、蜜甜香	青香、醇甜香、木香、烘焙香、焦香、花香、辛香等	微有青杂气、生青气、枯焦气和木质气。	中等	中等
沂蒙丘陵生态区—蜜甜焦香型	焦香突出，蜜甜香明显，木香较明显，香韵较丰富	干草香、焦香、蜜甜香、木香	焦甜香、醇甜香、烘焙香、辛香、酸香等香韵	微有枯焦气、木质气、青杂气和生青气	中等	中等

续表

生态—香型风格区	主要特征	主体香韵	辅助香韵	杂气	浓度	劲头
东北平原生态区—木香蜜甜香型	木香突出，蜜甜香明显	干草香、木香、蜜甜香	青香、醇甜香、酸香、焦香、烘焙香、辛香等	微有木质气、枯焦气、青杂气和生青气	较小	较小

二、烟叶化学特征

糖类含量较高，总糖 26% ~ 37%，还原糖 22% ~ 32%，葡萄糖胺重排反应（Amadori）较高；含氮物质较高，总氮 1.4% ~ 2.1%，总植物碱 1.6% ~ 2.9%，氨基酸含量较高；氯含量中等，0 ~ 1.0%；钾含量略低，1.2% ~ 2.1%；多酚物质莨菪亭含量中等，芸香苷含量较高；香气物质总体中等，巨豆三烯酮及其前体物含量略低。见表 21 所示。

表 21 八大香型烤烟烟叶化学特征

生态—香型风格区	糖类物质	含氮物质	氯	钾	多酚物质	香气物质
西南高原生态区—清甜香型	较高，总糖（26% ~ 37%），还原糖（22% ~ 32%），Amadori 较高	较高，总氮（1.4% ~ 2.1%），总植物碱（1.6% ~ 2.9%），氨基酸较高	中等（0.0% ~ 1.0%）	略低（1.2% ~ 2.1%）	莨菪亭含量中等，芸香苷含量较高	总体中等，巨豆三烯酮及其前体物略低
黔桂山地生态区—蜜甜香型	较高，总糖（31% ~ 36%），还原糖（22% ~ 30%），Amadori 中等	略低，总氮（1.2% ~ 1.7%），总植物碱（1.6% ~ 2.6%），氨基酸略低	略低（0.1% ~ 0.3%）	中等（1.5% ~ 2.4%）	莨菪亭含量略低，芸香苷含量中等	总体略低
武陵秦巴生态区—醇甜香型	中等，总糖（26% ~ 34%），还原糖（20% ~ 28%），Amadori 中等	中等，总氮（1.4% ~ 1.9%）、总植物碱（1.9% ~ 2.8%），氨基酸中等	略低（0.1% ~ 0.2%）	中等（1.5% ~ 2.7%）	莨菪亭含量略低，芸香苷含量中等	总体中等

续表

生态—香型风格区	糖类物质	含氮物质	氯	钾	多酚物质	香气物质
黄淮平原生态区—焦甜焦香型	低，总糖（19%~26%），还原糖(16%~23%)，Amadori 略低	较高，总氮（1.6%~2.1%）、总植物碱（2.2%~3.0%），氨基酸较高	高（0.3%~1.4%）	略低（1.1%~1.6%）	莨菪亭含量较高，芸香苷含量略低	总体较高，如茄酮、β-紫罗兰酮及氧化物和二氢猕猴桃内酯等，香叶基丙酮较为显著
南岭丘陵生态区—焦甜醇甜香型	略低，总糖（24%~32%），还原糖（21%~28%)，Amadori 略低	略低，总氮（1.4%~1.7%）、总植物碱（1.6%~2.7%），氨基酸略低	略低（0.1%~0.4%）	较高（2.0%~2.7%）	莨菪亭含量较高，芸香苷含量略低	含量较高，如巨豆三烯酮及其前体物、麦芽酚、乙酰基吡咯和泛酰内酯等，茄酮含量略低
武夷丘陵生态区—清甜蜜甜香型	中等，总糖（28%~34%），还原糖（25%~29%)，Amadori 较低	中等，总氮（1.4%~2.0%）、总植物碱（2.0%~2.8%），氨基酸低	略低（0.1%~0.3%）	高（2.5%~3.1%）	莨菪亭较高，芸香苷中等	除茄酮含量较低外，总体均较高，如巨豆三烯酮及其前体物、乙酰基吡咯、泛酰内酯、β-紫罗兰酮及氧化物和二氢猕猴桃内酯等
沂蒙丘陵生态区—蜜甜焦香型	略低，总糖（23%~32%），还原糖（21%~29%)，Amadori 略低	较高，总氮（1.5%~2.1%）、总植物碱（2.1%~3.0%），氨基酸中等	中等（0.1%~0.7%）	略低（1.2%~2.4%）	莨菪亭较高，芸香苷低	总体中等，茄酮、香叶基丙酮较高

续表

生态—香型风格区	糖类物质	含氮物质	氯	钾	多酚物质	香气物质
东北平原生态区—木香蜜甜香型	高，总糖（36%～39%）、还原糖（28%～32%）、Amadori高	略低，总氮（1.2%～1.7%）、总植物碱（1.0%～1.6%）、氨基酸略低	较高（0.2%～1.1%）	低（1.1%～1.4%）	莨菪亭略低；芸香苷中等	总体略低，以巨豆三烯酮及其前体物较为显著

第四节　香型风格特色的形成与影响因素

一、烤烟香型的形成

香型是烟叶燃吸时烟气中所有香韵的综合体现，香韵是烟气所表现出的某种香气韵调，显现程度取决于所含的致香物质的含量与组成。烤烟致香物质的形成与其遗传背景、生态条件及栽培调制措施有密切关系。其中，遗传因素影响香气物质的性质和种类，环境因素则主要影响香气物质的含量和组成比例。

多项研究指出，巨豆三烯酮赋予烟草干甜香和口感舒适特征；大马酮赋予烟草清甜香和成熟烟香特征；茄酮赋予烟草甘甜香和口感饱满特征。可见它们不仅含量高，而且香味特征突出。尤其巨豆三烯酮和大马酮，都赋予烤烟甜香韵，并有良好的吃味功能，对烤烟香味品质贡献很大。研究发现，糠醛、5-甲基糠醛、2-乙酰呋喃、香叶基丙酮是影响烟叶焦甜感程度的主要指标。

云南烤烟的清香与河南烤烟的浓香，都是多种香味成分按各自不同比例组成的综合感官质量的反应。研究结果显示，在云南烤烟香味物质中，6-甲基-2-庚酮、苯甲醛、2，3，6-三甲基-1，5-庚二烯、β-环柠檬醛、戊醛、己醛、2-己烯醛、1-己基环乙烯、茄酮、二氢大马酮、2，4-庚二烯醛等成分的相对含量明显高于河南烤烟；而2-乙基己醇、异辛二烯酮、异佛尔酮、氧代异佛尔酮、胡椒酮、香叶基丙酮、金合欢基丙酮、巨豆三烯酮等成分则在河南烤烟中含量较高。西柏三烯类降解产物和糠醛类化合物在南方清香型烟叶中含量较高，芳香族氨基酸代谢产物和乙酰基吡咯在北方浓香型烟叶中含量较高。有研究表明，烟叶质体色素及其降解产物是烤烟细腻、高雅和清香气的主要成分，对烟叶外观色泽、内在质量和香气风格有重要影响，其含量越高，可能越有利于烤烟清香型风格的凸显，而西柏烷类及其降解产物则是浓郁香气风格的典型代表。清香型烟叶中棕色化反应降解产物含量极显著高于其他香型，新植二烯含量显著或极显著低于其他香型，中间香型烟叶中苯丙氨酸类降解产物、类西柏烷类降解产物的组成比例极显著低于其他香型。此外，浓香型烟叶中 2 - 乙酰基 - 1，4，5，6 - 四氢吡啶极含量显著低于其他香型，糠醛含量显著高于其他香型；清香型中吡咯和 2 - 戊基呋喃含量显著或极显著高于其他香型，苯甲醛、苯乙醛含量极显著低于其他香型；中间香型烟叶中茄酮、2 - 乙基吡啶含量极显著高于其他香型，但西柏三烯二醇、2 - 乙基呋喃、6 - 甲基 - 5 - 庚烯 - 2 - 酮、芳樟醇、金合欢基丙酮 B 含量则极显著低于其他香型。

研究指出，可将巨豆三烯酮、大马酮、茄酮视为我国烤烟主体香味成分，并通过由它们构成的香气指数 B 值，从新的角度表征我国不同产地和不同品种烤烟烟叶的品质特点，同时不否定其他香味成分的致香、助香作用。用代谢组学的研究方法，构建基于香气物质的不同生态区域产区烟叶识别模型，明确类别间的八种主要香气物质差异物，分别为新植二烯、二氢猕猴桃内酯、β - 大马酮、氧化紫罗兰酮、3 - 羟基大马酮、β - 紫罗兰酮、香叶基丙酮和巨豆三烯酮。巨豆三烯酮、3 - 氧代 - α - 紫罗兰醇、法尼基丙酮、茄酮和降茄二酮是典型特色风格烟叶的关键香气物质成分。烟草的香气类型与烟叶中主要香气物质的相对分子质量大小也有一定的关系，清香型烟叶中含有较多相对分子质量较小的香气成分，而浓香型烟叶中含有较多相对分子质量较大的香气成分。

二、香气物质分类

烤烟香气物质是指烟叶含有的挥发性香气物质，和燃烧过程中一些化学成分热裂解所形成的香气物质，是由烟叶香气前体物分解、转化形成的。香气前体物多为大分子化合物，是在烟叶生长发育过程中形成的，本身不具香味特征，但能在烟叶成熟、调制、醇化和燃烧过程中，通过酶促、氧化和裂解等反应，积累、转化和降解为大量小分子挥发性香气物质。

烟叶香气成分非常复杂，按照不同的基团可分为酸类、醇类、酮类、醛类、酯类、内酯类、酚类、氮杂环类、呋喃类、酰胺类、醚类及烃类，也可分为挥发性香气成分，包括中性致香物质和酸性香气物质，以及分子结构较复杂的香气前体物。

其中，中性致香物质按香气前体物可分为类胡萝卜素、类西柏烷类、苯丙氨酸类、棕色化反应产物。

1. 中性致香物质

1）类胡萝卜素

类胡萝卜素降解产物是烟叶中关键的香气成分，是影响烟叶的香气质和香气量的重要组分。主要包括巨豆三烯酮、氧化异佛尔酮、β－环柠檬醛、β－紫罗兰酮、β－大马酮和二氢猕猴桃内酯等。巨豆三烯酮能增加烟叶中的花香和木香特征，并改善吸味，调和烟气，减少刺激性，是烟草中非常重要的香味成分。β－大马酮具有浓而甜润的花香，并有良好的扩散性，可使卷烟香气甜醇，改善粗劣气，增加厚实感。β－二氢大马酮具有强烈的玫瑰香气、果香、青香和烟叶香韵。香叶基丙酮则能给烟草带来清甜香韵。β－紫罗兰酮和β－大马酮类似，能增加烟草的花香味，尤其是产生典型的清香。二氢猕猴桃内酯可起到消除刺激性的作用。

2）类西柏烷类

烟叶腺毛分泌物的主要成分是类西柏烷类化合物，类西柏烷类化合物及其降解产物是构成烟草香气的重要成分，主要包括西柏三烯二醇、茄酮及其衍生物等。茄酮由西柏三烯降解，一定条件下也可由西柏三烯二醇降解；茄酮具有青香、草香及甜香，似胡萝卜及茶叶芳香，香气较持久，可以与多种香气较好地协调，能赋予烟草醇和的特殊香气，可以明显改善烟草的香吃味，其转化产物如茄醇、茄尼呋喃、降茄二酮也是重要的香气成分。西柏三烯二醇具有热不稳定性，其热解产物西柏烷羟醚、降酮类和降醛类具有香味。

3）苯丙氨酸类

苯丙氨酸类致香物质可使烟草增加类似花香的香味。苯丙氨酸降解产物有苯甲醛、苯甲醇、苯乙醛和苯乙醇等。苯甲醛会散发杏仁味、樱桃香和甜香，苯甲醇略带淡花香，苯乙醛具有皂花香和焦香味，苯乙醇则有玫瑰花香。

4）棕色化反应产物

美拉德反应即氨基化合物和羰基化合物间的非酶棕色化反应，与烟草的香味有一定关系。调制过程中，该反应形成阿马杜里化合物，可产生烤烟特有的浓郁香气，起到掩盖杂气，增强香味和提高烟气质量的作用。

5）挥发性香气物质

新植二烯是烤烟挥发性香气物质中含量最大的组分，在调制、醇化过程中，由叶绿素和叶绿醇转化而成，并进一步分解转化形成具有清香气味的植物呋喃等低分子物质，增强烟叶香吃味。

3. 酸性致香物

酸性致香物质包括挥发性低级脂肪酸、半挥发性的高级脂肪酸及非挥发性的多元酸（二元酸、三元酸），有机酸能改善烟气酸度，使烟气吃味醇和与芳香，对烟叶品质有相当重要的影响。

三、烤烟香型形成的影响因素

追溯烟叶香型形成过程，是在产地特色的生态环境条件下，烟叶的部分代谢途径特异表达，进而使得成熟采收的鲜烟叶代谢物，以及烤后烟叶化学成分含量表现出差异化的特征，最终呈现为人体感官独特感受。烤烟香型是环境因素、遗传因素和栽培技术共同作用的结果。环境因素主要影响香气物质的含量和组成比例，遗传因素影响香气物质的性质和种类，栽培措施则对香气物质起到调节作用。即生态因素决定特色，品种彰显特色，栽培技术保障特色。研究表明，生态环境对烟叶香型的贡献大于品种。

1. 生态因素对烤烟香型的影响

生态因素主要包括气候，即光照、温度、降水量，土壤条件，海拔等。气候和土壤环境使烟叶香吃味具有明显的、不可替代的地域特色和生态优势。同一基因型的烤烟，由于受到生态因素的影响，使得其烟叶香味成分的含量和比例不同，从而形成了香气风格特征的差异。

1）气候因子

在烤烟生长发育的各个时期，光照、温度、降水量等气象因子都与烟叶香型的形成有密切的关系，烤烟香型风格的形成是各项因子综合作用的结果。

（1）光照

致香物质多为烟草叶片次生代谢产物，而光照对植物次生代谢有重要的调控作用。光照强度不足或者过强，都会对烟草的致香物质的形成和转化有不利的影响，进而影响烟叶的品质。

烤烟是一种喜光作物，充足而不强烈的光照才能生产出优质的烟叶。光照过强会导致叶片烟碱含量和氮化合物含量高，烟草香吃味品质变劣，刺激性变强，烟叶品质下降。光照不足影响叶片光合作用的正常进行，导致烟叶干物质积累少，香气量少，香气不浓，香气质差，油分少，品质下降。弱光会降低烟草叶片中淀粉、还原糖、水溶性总糖及总酚的含量，提高总氮、蛋白质、烟碱、钾和氯离子的相对含量。研究发现，弱光能提高烟叶中性挥发性致香物质总量，却会使类胡萝卜素降解产物、芳香族氨基酸代谢产物、美拉德反应产物、西柏烷类降解产物所占比例下降。随着成熟期光照强度的降低，烤后烟叶中性致香成分含量有增加的趋势，但是增加到一定程度后又出现下降。成熟期光照强度对烟叶香气前体物的形成作用影响最明显，可能是影响烤烟香型风格的主要气候因子。烟草多酚类致香物质和脂溶性致香物与光照强度呈正相关，光照强度对多酚类致香物的影响最强烈。因此，弱光或者强光均不利于优质烟叶的形成，在多晴天、晴间多云、光照和煦的地区对形成香味及吃味好的优质烟叶较为有利，尤其是在烟草成熟期。

日照时数对烟草叶片致香物质及其前体物质有重要的影响，烟草得不到充足的光照时间，会影响烟草致香物质的形成和转化，导致烟草致香物质含量降低。研究发现，日照时数不同，烟叶中镁、硫、锰、钼、莨菪亭、挥发性酸和挥发性碱含量显著差异。日照时数高时，烟叶中总糖、还原糖、淀粉、锰含量高，总氮、氯、挥发性酸含量低，而钼、莨菪亭和挥发性碱含量均以日照时数中等类群最高。通过典型相关分析发现，随着3月平均日照时数的增加，糠醇和糠醛含量会增加，3，4-二甲基-2，5-呋喃二酮含量会降低；6月日照时数与糠醛和糠醇含量呈负相关，多酚类物质含量随光照强度和时数的增加而增加。此外，接受光照时间长的烟草其多酚的含量高，而在红光照射和在温室里生长的烟草多酚含量低。

光质对烟草致香物质也有一定的影响，光质对β-西柏三烯二醇、三十一烷、三十三烷等影响较大，但对降茄二酮、新植二烯等影响较小。紫外线强度增加能够明显提高烤烟中类胡萝卜素的含量，严重抑制叶绿素合成。因此，紫外线强度低的烟区，烟叶类胡萝卜素的合成减少。研究表明，增强 UVB 辐射可诱导叶片中酚类、烯萜类和黄酮类等致香物质的形成，其中以黄酮类化合物增加最为明显。

（2）温度

烤烟作为喜温作物，其适宜的温度范围为 26~28 ℃，在该温度范围内烟株根系具有较高的生理活性，且维持时间较长。但如果从烤烟品质角度考虑，则需要前期气温略低于最适生长温度，后期要求温度较高，成熟期较理想的平均温度是20~24 ℃，有利于烟叶内同化物质的积累和转化，增加烟叶的香吃味。温度过高，烟草叶片中还原糖积累减少，而烟碱积累增强。烟草生长期温度高于35 ℃时，烟叶的光合作用受到抑制，呼吸作用反而异常地增强，光合产物被过多地消耗，导致新陈代谢被打乱，直接影响到烟叶致香物质的形成。温度过低会影响烟叶次生代谢途径，叶绿素的分解和类胡萝卜素的降解明显受阻，烟叶干物质合成量明显减少，品质降低。

均温、积温是常用来分析与表征温度适宜性的重要指标。研究证明，六盘水市境内6—9月平均气温为19~22 ℃，是生产清香型优质烤烟的理想气温。对陕南烤烟质量与气象因子的关系研究表明，总糖、还原糖与大田生长期（5—8月）的平均气温呈显著负相关关系。烤烟大田生长期5—8月的气温与烤烟烟叶中化学成分含量呈现显著相关，特别是7、8月份气温对烤烟烟叶的香吃味影响较为显著。旺长期和成熟期的温度与烤烟蛋白质、总氮、水溶性总糖等密切相关，通过对湖南烤烟质量与气候因子的关系研究，得出温度因素中的采烤期70 d积温、烟季≥35 ℃天数与烟叶的化学成分中的总糖、还原糖、钾、氯、总氮、烟碱、糖碱比、糖氯比和烟叶评析质量中的香气量得分、香气质得分、刺激性得分、浓度得分等指标密切相关。研究表明，年有效积温、年日均温、种植期均温对烤烟类胡萝卜素降解产物有着显著的影响。对我国10个主产区的烟叶化学成分与气象因子进行相关分析，发现成熟采收期间平均气温、积温和≥30 ℃高温与还原糖积累之间呈显著负相关关系，与烟碱积累呈显著正相关关系。

影响烟叶品质的另一个重要温度因素是昼夜温差，即日较差。烤烟大田生长期昼夜温差大，有利于烟草香气的形成。昼夜温差较大是云南盛产优质烤烟，表现清香型风格的一个关键因素。云南烟区白天温度相对较高，烤烟生长温度适宜，光合产物合成较多；而夜间气温相对较低，呼吸作用较弱，消耗有机物质少，同化物质积累多，特别是糖分积累增多，烟叶内含物质表现出良好的整体协调性，进而表现出清香型的香气类型。昼夜长短相一致的情况下，随着夜温的增加，烟叶中不利于烟叶品质的非蛋白氮含量增加，香气物质的挥发则明显减少。

（3）降水量

烤烟是需水量较大的作物。土壤水分供应不足时，烤烟叶片会变小增厚，影响烟株生理代谢活动，尤其是缺水会抑制叶绿素的合成，从而影响烟叶致香物质的种类与含量。干旱胁迫下烟叶中还原糖含量下降、总氮和烟碱含量升高，内在化学成分比例失调，随生育期推进，干旱发生越晚，干旱程度越重，对烟叶化学成分的影响越大。此外，干旱胁迫会使烟叶中类胡萝卜素类物质和部分类西柏烷类化合物含量下降，或仅以痕量存在，对烟叶的香气质量有不良影响。但成熟期轻度干旱有利于烟叶香气物质的形成和转化，烟叶中大部分香气物质含量较高。研究成熟期灌水对烤烟致香物质含量和化学成分的影响，结果表明成熟期灌水可以提高烟叶中类西柏烷类、类胡萝卜素类致香物质的含量，而圆顶期以后灌水则不利于苯丙氨酸类致香物质的形成。此外，随着成熟期灌水次数的增加，烤后烟叶中还原糖和钾离子含量升高，烟碱、总氮和氯离子含量降低。灌水可以提高烟叶中蔗糖酯、西柏三醇二烯和顺式－冷杉醇的含量；而降水则会淋洗烟叶表面的类脂成分，因此脂溶性致香物质的多寡与降水量呈负相关。研究降水量与香型风格相关的 116 种代谢物积累的关系后，结果表明，在烤烟整个生育期降水量对有机酸的积累都表现为正调控，成熟后期的降水有利于多数含氮化合物的积累，但不利于亚腈胺的积累。大田生长中后期尤其是成熟后期的降水量，对核酸甾醇等代谢物的影响较大。成熟期过多的雨水会造成水涝，给烟叶生产带来危害。成熟期淹水时间越长，烤烟烟叶致香物质含量越低，对烟叶品质形成越不利。成熟期淹水会导致烤烟中石油醚提取物含量下降，各种致香物质及其含量和总量、致香物质总量及各类致香物质含量都会有不同程度的降低；其中以新植二烯最敏感、降幅最大，其次为苯丙氨酸类和类西柏烷类致香物质，对类胡萝卜素类致香物质含量影响较小。因此，在烤烟成熟期时，要特别重视防涝排涝工作。

2）土壤因素

气候是决定烤烟烟叶香型风格的主导因素，但土壤对烤烟烟叶香型风格的彰显也有一定的影响作用。土壤因素，如土壤类型、质地、pH 值及供肥特性等，可影响烤烟致香成分的含量和比例，从而对烟叶香型风格的透发产生影响。不同植烟土壤类型其烤后烟叶致香物质成分含量及总量差异较大；不同的研究得出的最适土壤类型有所不同。研究表明，烤烟 K326 在 3 种土壤质地中去新植二烯后致香物质、酮类、醇类物质含量均为中壤土＞轻黏土＞重壤土；并且中壤土与重壤土的酮类含量差异显著，中壤土、轻黏土与重壤土之间的醇类含量差异显著。说明土壤质地对

K326 形成致香成分的影响程度大，且中壤土最有利于 K326 形成更多的致香物质。土壤 pH 值是影响土壤养分的吸收、转化、利用及有效性的决定因素之一，因此，适宜的土壤 pH 值对优质烤烟生产非常重要。不同根际土壤 pH 值对烟叶香气成分的影响有明显差异，在根际 pH 值为 6.5 ~ 7.5 时烟叶香气成分最高，pH 值 >7.5 或 pH 值 <6.5 时则普遍降低。另有研究认为，土壤 pH 值在 5.5 ~ 7.5 有利于烤烟香气物质的形成，烟叶的香吃味较好。普遍认为，土壤中的有机质含量越高，越有利于提高烟叶的香气质和香气量，减少杂气和刺激性。研究表明，土壤有机质含量与中性致香物质含量有着密切联系，土壤有机质含量与烟叶中性致香物质苯丙氨酸类、类胡萝卜素类、棕色化产物类、新植二烯、香气物质总量呈正相关，与类西柏烷类物质呈负相关关系。除有机质外，烟叶致香物质与土壤碱解氮、速效磷和速效钾含量间也呈现极显著或显著正相关关系。土壤的石灰性或碳酸钙及有机质含量，是决定烤烟浓香型风格的重要因素。

3）海拔高度

海拔高度的变化将引起太阳辐射量、有效积温、昼夜温差、空气湿度，以及土壤类型、养分有效性等一系列生态因素发生改变，是一个综合性的因素。在一定区域内，海拔高度的变化往往对烟叶化学成分及香吃味有明显影响。在云南曲靖，海拔高度是影响烟叶化学成分的重要综合性生态因子，海拔高度与总糖、还原糖呈显著正相关关系，而烟碱、总氮随着海拔高度的升高而降低，与海拔高度呈负相关。研究指出，海拔高度与烤烟的评吸总分、香气量及石油醚提取物总量呈显著正相关，与烤烟棕榈酸、硬脂酸、亚油酸和亚麻酸含量呈正相关，且与棕榈酸、硬脂酸相关性分别达到极显著和显著水平；海拔高度与草酸、柠檬酸、丙二酸及苹果酸含量呈负相关。从海拔 600 ~ 1 000 m，烤烟烟叶中苯甲醛、大马酮等 18 种香气物质的含量随着海拔高度的增加而增加明显；而茄尼酮、2，7，11 - 五针松三烯 - 4、6 - 二醇等 10 种成分的含量则随之减少；此外，随着海拔高度的增加，类胡萝卜素和多酚含量也相应增加。研究表明，随着海拔升高烟叶质量风格从中偏清香型（中低海拔）→中间香型（中海拔）→清偏中间香型（中高海拔）→清香型（高海拔）逐渐改变。

2. 遗传因素对烤烟香型的影响

烟草香气物质的组成和含量受遗传因素的影响。已有大量研究表明，烤烟品种间致香物质的含量及组成存在明显差异。以云南省曲靖烟区5个不同基因型烤烟品种为材料，对烟叶中性致香物质含量进行研究，其结果表明，云烟87的苯丙氨酸类致香物质、棕色化产物致香物质、类西柏烷类致香物质的含量明显高于其他品种；云烟97的类胡萝卜素类致香物质和KRK26的新植二烯含量最高；NC297的苯丙氨酸类致香物质、类西柏烷类致香物质、新植二烯含量明显低于其他品种；K326的类胡萝卜素类致香物质和云烟97的棕色化产物类致香物质含量最低。云烟87烟叶的杂环类化合物含量突出，显著高于K326和KRK26，醛类物质含量最高，酮类和醇类物质以及质体香味成分的二氢猕猴桃内酯、香叶基丙酮和5，6－环氧－β－紫罗兰酮、亚油酸含量最高；K326烟叶的多酚含量最高，显著高于KRK26和云烟87；KRK26的质体香味中的巨豆三烯酮和柠檬酸含量突出，显著高于K326和云烟87，草酸含量最高，丙二酸含量则显著低于K326和云烟87。烤烟品种香气物质的种类、数量与组成的特性差异造就了品种的独特香气，而不同基因型烟叶香气物质的表达受生态环境和栽培措施的影响程度有所不同。河南烟区云烟87致香物质的含量略大于K326，而贵州烟区K326远高于云烟87；四川会理烟区云烟87致香物质的含量高于K326，但与之邻近的会东烟区K326却高于云烟87。

此外，由于不同基因型烟叶香气物质的特性差异与表达，部分品种有较为固定的香型倾向，如云南的红花大金元、福建的F1－35、翠碧1号和永定1号，都是当地比较优良的清香型烤烟品种，而河南省农业科学院烟草研究所培育的6388系列品种是适合生产浓香型烟叶的。研究表明，云烟116、云烟87、K326清香型风格较典型，感官质量好，感官质量及多酚类物质含量相似性较高，云烟116与云烟87感官质量及化学成分的相似性较高，可为清香型产区基因型选择提供依据。

第五节　清甜香型风格特色的影响因素

《全国烤烟烟叶香型风格区划》中指出，清甜香型风格烤烟的生态特征为"温度中等、昼夜温差中等、降水中等、光照中等"。整个生育期日均温度20.87 ℃，随着生育期推移呈现先升高后下降的趋势，其中移栽伸根期日均温度20.31 ℃，旺长期21.55 ℃，成熟前期21.68 ℃，成熟中后期21.31 ℃，成熟后期19.58 ℃。昼夜温差前期大后期小，平均为8.9 ℃。降水中等，累计降水量863.9 mm；移栽伸根期降水量较低，平均为111.5 mm；旺长期191.6 mm，成熟前期228.2 mm，成熟中后期196.5 mm，成熟后期136.1 mm。光照适宜，累计日照时数753.9 h，日照率为37.58%；其中移栽伸根期累计日照193.9 h，旺长期140.0 h，成熟前期134.0 h，成熟中后期151.3 h，成熟后期134.7 h。

相关研究表明，日照、温度和降水是影响清甜香型风格特色的主要因子。烤烟成熟后期多雨和相对较低的温度，可能是清香型烟叶风格形成的关键气象因素。生态因素对清甜香型的贡献率，气候因子的贡献率为62.33%，土壤因子的贡献率为37.67%。其中，大田期均温特别是成熟期均温、大田期日照和还苗、伸根期降水量，是影响清甜香型烤烟质量特色是否突出的主要气象因子，土壤pH值和速效磷含量是主要的土壤因子。旺长期日照时数的长短、降水量的多少，对清甜香型烤烟风格的形成影响较大。在适宜的范围内，乌蒙烟区烤烟旺长期日照越充足、降水越丰富，烟叶清甜香型风格越突出。

第六节 攀枝花清甜香型风格特色烤烟品质评价与特点

本节以攀枝花主产烟区具有代表性的烤烟样品为材料，进行了烟样外观质量、化学成分、感官评吸鉴定，对攀枝花烟叶质量、特点和特色给予了评价。

一、评价

1. 外观质量

攀枝花上部烟叶颜色以柠檬黄、浅橘黄、橘黄为主，成熟度较高，叶片结构尚疏松，身份稍厚至中等，油性反应较强，表观有油润，弹性较好，均匀度较好，饱满程度尚好，纯净度一般。中部烟叶颜色以浅橘色为主，烟叶成熟度相对较高，叶片结构疏松，身份中等，油分多为有，弹性中等，大部分烟叶色度基本均匀、尚饱满。下部烟叶成熟度一般较高，叶片结构疏松，身份稍薄至中等，油分稍有至有，均匀性和饱和度较好，弹性和韧性较好，大多数样品处于较好质量档次。攀枝花三个种烟区县中，米易县的烟叶外观质量得分最高，仁和区烟叶外观质量波动较大，盐边县烟叶外观质量比较稳定。

2. 化学成分

上部样品主要化学成分总糖、还原糖、总植物碱、氮碱比和钾氯比平均值基本在适宜范围,糖碱比平均值偏高。中部样品主要化学成分总糖、还原糖、总植物碱、糖碱比和钾氯比平均值基本在适宜范围内,糖碱值偏高,氯和钾氯比变化范围相对较大。下部烟叶总糖、还原糖、总植物碱、糖碱比和钾氯比平均值基本在适宜范围内,糖碱比偏高,氯平均值偏低,氯含量变化幅度较大。攀枝花三个种烟区县中,米易县烟叶化学成分协调性较好。

3. 感官评吸

上部烟叶香型为清偏中或中偏清,特征香韵为清甜,香气质稍好偏上,香气量尚足偏上,劲头中等,浓度稍浓,烟气较透发、尚细腻、微有杂气,略有喉部刺激,余味尚舒适、干净,甜度中等偏上,可用作三价类卷烟的主料烟。多数样品处于较好质量档次。仁和区与盐边县上部烟叶感官评吸质量比较稳定,仁和区上部烟叶感官评吸质量最好,其次是米易县。中部烟叶香型为清偏中或中偏清,特征香韵为清甜,劲头中等,浓度稍浓,香气质稍好偏上,香气量尚足偏上,烟气较透发、欠细腻,略有喉部刺激,有杂气,余味尚舒适,口腔稍有辛辣感,甜度较强。中部烟叶可用作二、三价类卷烟的主料烟,多数样品处于较好质量档次。仁和、米易、盐边三个县(区)中部烟叶感官评吸质量都很稳定。下部烟叶香型为清偏中,特征香韵为清甜,香劲头稍小,烟气较透发、较细腻,下部烟叶可用作二、三价类卷烟的次主料烟。多数样品均处于中等或中等偏下质量档次。

4. 工业评价

攀枝花烟叶成熟度好,叶片结构疏松至尚疏松,身份、油分和色度较好,整体外观质量基本符合工业要求;水溶性糖含量稍偏高,中上部烟的总碱和总氮含量较适宜,氯离子含量过低,整体化学成分含量基本合理,风格特征为清香型或清偏中香型,部分样品有较强飘逸感,香气量有至尚足,杂气稍有至有,浓度中等,烟气较柔和细腻,劲头中等,刺激性有至稍有,少数样品有较明显的清甜感和生津感,燃烧性较强,配伍性较好,整体工业可用性较高。

二、特点

1. 化学成分特点

1)主要化学成分

表22数据源自2017—2021年攀枝花烟样化学成分分析结果。数据显示,与清甜香区域特征给出的烟叶主要化学成分数值范围比较,攀枝花烟区烟叶具有高糖、

高氮、中碱、高钾、低氯的特点。

表22 攀枝花烟叶主要化学成分含量 （单位:%）

含量	均值	年度间范围	清甜香区域特征范围
总糖	36.7	34.1～39.2	26.0～37.0
还原糖	29.2	27.9～31.2	22.0～32.0
总氮	2.0	1.7～2.2	1.4～2.1
总烟碱	2.5	2.4～2.7	1.6～2.9
氯	0.2	0.2～0.2	0～1.0
钾	1.8	1.7～1.9	1.2～2.1

按照八大生态－香型风格区划，四川省凉山州与攀枝花市同属于西南高原生态区－清甜香型（Ⅰ区）。两地临近，生态环境有一定的相似性，但也存在差异。对两个地方2010—2018年中部烤后烟叶的主要化学成分进行分析比较，结果显示攀枝花与凉山州出产的烟叶主要化学成分含量相似，但也存在一定的差异。其中，总糖、淀粉和钾3项指标攀枝花产区高于凉山州产区，而还原糖、烟碱、总氮和氯4项指标攀枝花产区低于凉山州产区。各项指标中差异最大的是烟碱，最小的是还原糖。见表23所示。

表23 四川清甜香型烤烟产区中部烟叶主要成分含量比 （单位:%）

地区	总糖	还原糖	淀粉	烟碱	总氮	钾	氯
攀枝花	39.85	30.57	5.11	1.87	1.66	1.82	0.18
凉山州	39.03	30.74	4.87	2.28	1.82	1.71	0.19
差值	0.82	-0.17	0.24	-0.41	-0.16	0.11	-0.01
差值百分比	2.10	-0.55	4.93	-17.98	-8.79	6.43	-5.26

2）致香物质

对比2009年数据，研究发现有5点。

（1）烤后烟叶新植二烯含量，两地间未形成显著差异，且含量差异很小。

（2）胡萝卜素降解产物总量，攀枝花产区显著小于凉山州产区。其中3－氧化－α－紫罗兰酮含量差异非常大，香叶基丙酮、6－甲基－2－庚酮含量两地间存在较大差异；β－紫罗兰酮两地烟叶差异很小，2－环戊烯－1，4－二酮无差异。

（3）类西柏烷类降解产物总量，攀枝花产区大于凉山州产区，但未形成显著差

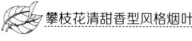

异。其中西柏三烯二醇含量攀枝花产区大于凉山州产区，而茄酮含量攀枝花产区小于凉山州产区。

（4）苯丙氨酸降解产物总量，两地差距很小，无显著差异。其中苯乙醇含量两地间存在较大差异，而苯甲醇的差异很小。

（5）美拉德反应产物总平均量达到显著水平，攀枝花产区大于凉山州产区。其中 2－乙酰基吡咯两地含量差异非常大，攀枝花产区大于凉山州产区。其次是 5－甲基糠醇、5－甲基糠醛和糠醛，两地间存在较大差异。见表 24 所示。

表 24　攀枝花产区与凉山州产区烟叶挥发性香气成分比较

	香气成分	攀枝花/（μg·g⁻¹）	凉山州/（μg·g⁻¹）	差值	差值比/%
	新植二烯	73.958 b	72.408 b	1.55	2.1
类胡萝卜素降解产物	2－环戊烯－1，4－二酮	0.014	0.014	0	0
	6－甲基－2－庚酮	0.016	0.012	0.004	33.3
	6－甲基－5－庚烯－2－酮	0.016	0.014	0.002	14.3
	β－大马酮	0.431	0.586	－0.155	－26.5
	香叶基丙酮	0.155	0.257	－0.102	－39.7
	β－紫罗兰酮	0.046	0.047	－0.001	－2.1
	巨豆三烯酮 A	0.117	0.155	－0.038	－24.5
	巨豆三烯酮 B	0.388	0.527	－0.139	－26.4
	巨豆三烯酮 C	0.196	0.182	0.014	7.7
	巨豆三烯酮 D	0.542	0.63	－0.088	－14.0
	3－氧化－α－紫罗兰酮	0.073	0.041	0.032	78.0
	六氢法尼基丙酮	0.232	0.312	－0.080	－25.6
	法尼基丙酮	0.784	1.003	－0.219	－21.8
	总量	3.010 c	3.780 b	－0.77	－20.4

续表

	香气成分	攀枝花/(μg·g⁻¹)	凉山州/(μg·g⁻¹)	差值	差值比/%
类西柏烷类降解产物	茄酮	1.123	1.726	-0.603	-34.9
	西柏三烯二醇	4.339	3.124	1.215	38.9
	总量	5.462 a	4.850 ab	0.612	12.6
苯丙氨酸降解产物	苯甲醛	0.016	0.013	0.003	23.1
	苯甲醇	0.22	0.228	-0.008	-3.5
	苯乙醛	0.031	0.036	-0.005	-13.9
	苯乙醇	0.083	0.122	-0.039	-32.0
	总量	0.350 a	0.399 a	-0.049	-12.3
美拉德反应产物	糠醛	0.015	0.028	-0.013	-46.4
	糠醇	0.015	0.013	0.002	15.4
	2-乙酰基呋喃	0.015	0.012	0.003	25.0
	5-甲基糠醇	0.017	0.012	0.005	41.7
	5-甲基糠醛	0.018	0.012	0.006	50.0
	2-乙酰基吡咯	0.049	0.023	0.026	113.0
	总平均	0.129 a	0.100 bc	0.029	29.0

根据研究数据，发现主要的几种中性致香成分中，羟基大马酮、香叶基丙酮两地区间具有很大的差别，其次是β-大马酮、3-氧代-α-紫罗兰醇、β-紫罗兰酮和巨豆三烯酮4个组分。两地区间的主要酸性致香成分总量差异小于中性致香成分，其中，丙二酸在两地区间差异最大，其次是乙酰丙酸、乳酸以及硬脂酸。见表25所示。

表 25　攀西烟区烟叶主要酸性及中性致香物质含量

香气成分		攀枝花/(μg·g⁻¹)	凉山州/(μg·g⁻¹)	差值	差值比/%
中性致香成分	茄酮	45.03	47.71	−2.67	−5.60
	β-大马酮	21.47	16.38	5.09	31.07
	香叶基丙酮	2.45	1.70	0.75	44.17
	β-紫罗兰酮	1.30	1.03	0.27	26.50
	降茄二酮	10.82	11.94	−1.13	−9.42
	巨豆三烯酮	18.34	14.53	3.81	26.23
	二氢猕猴桃内酯	2.84	3.45	−0.62	−17.86
	羟基大马酮	16.40	11.28	5.12	45.40
	3-氧代-α-紫罗兰醇	3.28	2.54	0.74	29.22
	新植二烯	726.56	667.04	59.53	8.92
	总量（不含新植二烯）	121.93	110.56	11.37	10.29
酸性致香成分	乳酸	0.34	0.29	0.04	14.77
	草酸	13.22	13.53	−0.32	−2.34
	丙二酸	1.78	1.48	0.31	20.90
	乙酰丙酸	1.09	0.94	0.15	16.01
	苹果酸	93.67	90.18	3.49	3.87
	柠檬酸	13.22	12.73	0.49	3.88
	棕榈酸	1.98	1.90	0.08	4.20
	亚油酸	1.28	1.34	−0.06	−4.37
	油酸	3.13	2.91	0.22	7.57
	硬脂酸	0.55	0.49	0.06	12.63
	总量	130.26	125.78	4.48	3.56

2. 评吸质量特点

2016—2020 年，攀枝花烟样感官评吸质量得分结果显示，年度间香气质平均得分 17.2（中）、香气量 16.9（充足－较充足）、杂气 7.5（稍重－较重）、余味 7.1（尚干净、尚舒适）、刺激性 7.1（中－稍大）、柔和度 3.2、细腻度 3.1（稍好－中）、圆润度 3.1、干燥感 3（有）。见表 26 所示。

表 26　攀枝花烟叶感官评吸评分标准　　　　　单位：分

指标	评价与分值								
香气质	很好 25	好 23	较好 21	稍好 19	中 17	稍差 15	较差 10	差 5	很差 2
香气量	很足 20	充足 18	较充足 16	尚充足 14	有 12	稍少 10	较少 8	少 6	很少 4
杂气	无 13	少 12	较少 11	微有 10	有 9	稍重 8	较重 6	重 4	很重 2
刺激性	很小 12	小 11	较小 10	稍小 9	中 8	稍大 6	较大 4	大 2	很大 1
余味	干净 舒适 10	较干净 较舒适 9	略干净 略舒适 8	尚干净 尚舒适 7	微滞舌 6	较滞舌 5	滞舌 4	涩口 3	苦味 2
回甜感	很强 5	强 4.5	较强 4	稍强 3.5	中等 3	稍弱 2.5	较弱 2	弱 1.5	很弱 1
干燥感	无 5	少 4.5	较少 4	微有 3.5	有 3	稍重 2.5	较重 2	重 1.5	很重 1
细腻度	很好 5	好 4.5	较好 4	稍好 3.5	中 3	稍差 2.5	较差 2	差 1.5	很差 1
成团性	很好 5	好 4.5	较好 4	稍好 3.5	中 3	稍差 2.5	较差 2	差 1.5	很差 1

与 2009 年攀枝花和凉山州烟样感官评吸数据进行对比研究，发现两地区烟叶整体得分相近，除刺激性 1 项指标外，其余指标评分攀枝花均低于凉山州。各项评价指标得分中，香气量两地区间差异最大，其次是余味，干燥感两地区间差异最小。见表 27 所示。

表 27　攀枝花与凉山州产区烟叶评吸质量定量评价　　　　单位：分

烟区	香气质	香气量	余味	杂气	刺激性	回甜感	干燥感
攀枝花	16.71	12.99	6.58	8.55	7.95	3.27	3.27
凉山州	16.97	13.34	6.72	8.66	7.81	3.3	3.29
差值	-0.26	-0.35	-0.14	-0.11	0.14	-0.03	-0.02
差值百分比	-1.53%	-2.62%	-2.08%	-1.27%	1.79%	-0.91%	-0.61%

2016—2021 年攀枝花烟样感官评吸质量评价结果显示：攀枝花烟叶以清甜香为主体香韵，辅以木香（95.5%）、青香（78.7%）、焦香（64.0%）、辛香（41.6%）、醇甜香（10.7%）、蜜甜香（5.6%）、坚果香（3.9%）、正甜香（1.7%）、干草香（1.1%）；清甜香韵较明显－尚明显（64.6%，22.5%），清香型较显著－尚显著（57.3%，35.4%）；香气较透发－尚透发（71.1%，25%），杂气类型有木质气（94.9%）、生青气（69.7%）、枯焦气（56.7%）、青杂气（2.8%）、粉杂气（1.7%），杂气微有（62.8%）－稍有（12.2%）－有（23.8%）。

通过分析 2015—2016 年《四川省烟叶质量评价》中凉山州和攀枝花中部烟叶的质量评价，结果发现，攀枝花烟叶风格特征主要以清甜香为主体香韵的风格特征基本稳定，清香型较明显，清甜香韵尚显著。香气质较好，微有生青、木质杂气，劲头、浓度适中，烟气较透发、舒适度较好，余味较干净、较舒适。凉山州烟叶风格特征主要以清甜香为主体香韵，辅以果香、青香、木香、焦香等香韵，清香型较明显，清甜香韵较显著。香气质较好，微有枯焦、木质杂气，劲头、浓度适中，烟气较透发、舒适度较好，余味较干净。

3. 外观特征

2019—2021 年攀枝花烟样外观质量评比，得分结果显示，颜色 8.4（橘黄、柠檬黄），成熟度 8.4（成熟、完熟），叶片结构 7.5（疏松、尚疏松），身份 7.7（中等），油分 6.4（有），色度 6.4（中）。见表 28 所示。

表28　攀枝花烟叶外观质量评分标准　　　　　　　单位：分

颜色	分值	成熟度	分值	叶片结构	分值	身份	分值	油分	分值	色度	分值
橘黄	7~10	成熟	7~10	疏松	8~10	中等	7~10	多	8~10	浓	8~10
柠檬黄	6~9	完熟	6~9	尚疏松	5~8	稍薄	4~7	有	5~8	强	6~8
红棕	3~7	尚熟	4~7	稍密	3~5	稍厚	4~7	稍有	3~5	中	4~6
微带青	3~6	欠熟	0~4	紧密	0~3	薄	0~4	少	0~3	弱	2~4
青黄	1~4	假熟	3~5	—	—	厚	0~4	—	—	淡	0~2
杂色	0~3	—	—	—	—	—	—	—	—	—	—

| 第三章 |

攀枝花烟区的耕作制度

耕作制度是指一个地区或生产单位的作物种植制度，以及与之相适应的养地制度的综合技术体系。其种植制度包括作物布局、种植方式、茬口安排、复种休闲等。养地制度是指田地土壤管理制度，包括土壤耕作、施肥、灌溉和杂草及病虫害的防治制度。因地制宜地采用科学合理的种植制度和土壤保育制度，可以充分利用和有效保护土地资源，从而获得较高的经济收益和生态效益，促进农业生产的可持续发展。

第一节　攀枝花烟区主要生态特点

攀枝花烟区地处云贵高原，属南亚热带—北温带的多种气候类型，被称为"以南亚热带为基带的立体气候"，具有夏季长、四季不明显，干、雨季分明，昼夜温差大、气候干燥、降水量集中、日照时数长，太阳辐射强，蒸发量大，小气候复杂多样等特点。由于降水资源在时间和空间分布上不平衡，旱季雨季分明，降水主要集中在5—10月，5—10月总降水量占全年降水量的90%～97%。其中，6—9月各月降水量一般在120～300 mm。攀枝花烤烟生产，一般在2月中旬播种，4月下旬到5月中旬移栽，5月下旬到6月中旬为缓苗伸根期，6月中旬到7月中旬为旺长期，7月下旬到9月为成熟采烤期，全生育期190～210 d。大多数年份降水都能满足烤烟大田生长发育的需要，有利于烟株干物质的合成与积累，具有发展优质烤烟的气候资源优势。11月至4月为干季，很少出现中雨以上的天气，总降水量不到全年降水量的10%。这个时期虽光照和热量充足，但需通过抽水灌溉进行农业生产。

第二节 攀枝花烟区种植模式

攀枝花烟区主要分布于海拔 1 400 ~ 2 000 m 区域，由于地形复杂，多为丘陵山区，主要种植地形为台地、坡地，以及少数旱田，因地块较小，各家土地分散，无法实现大型机械操作，影响着攀枝花市的烤烟生产。由于烤烟种植为当地主导产业，种植时间为 5—10 月，后茬作物因雨水限制，只能种植一些耐旱作物或休耕，难以进行有效的茬口作物安排，表现出现行的耕作制度有严重缺陷，长期连作的状况。目前攀枝花烟区的主要耕作模式为烤烟 + 闲置、烤烟 + 其他作物的两种模式，而且，大多数烟地每年种植方式相同，形成了重茬，构成烤烟连作障碍。

一、烤烟 + 闲置

烤烟 + 休闲模式主要分布于离村庄较偏远，难以浇水灌溉的区域。该模式实则为同一土地连年种植烤烟的连作模式。由于该烟区无水浇地或者配置的小水窖只够满足栽烟，在烤烟后茬只能撂荒，处于烤烟长期连作状况，以致土壤环境严重恶化，养分失衡。连作导致烤烟的不良表现为烟株瘦小、生长速度缓慢、烟叶成熟度差、烟叶产量和质量下降。而且，初烤烟叶组织结构致密、颜色灰暗、油分少、烟叶可用性不高。

二、烤烟 + 其他作物

在有一定水源区域的种植模式为烤烟 + 豌豆或者小麦、燕麦，有水源保障区域的种植模式为烤烟 + 油菜或者菜豆。该种植模式虽能消耗种烟残留的部分富集养分，但因多年种植模式不变，同样引起了连作障碍，造成土壤理化性质退化，养分失衡和劣化，导致烤烟病虫害增加，烟叶品质下降。

第三节 烤烟连作的危害

作物根系分泌物 - 土壤 - 微生物所构成的土壤微生态环境，在烤烟长期连作状态下无法保证相互协调，出现失衡状态，使土壤发生恶性变化，从而影响到烤烟健康生长发育，进而引发烤烟连作危害。攀枝花烟区的人均耕地面积小且分散，同时受降水资源的影响，土地复种指数高，所形成的种植模式多年不变，引起土壤肥力和理化性质恶化，根际微生态环境失衡，病虫草害滋生，进而影响到烤烟的正常生长，降低了烟叶的产量和品质。

一、连作对土壤养分的影响

每种作物对土壤中的营养元素都有特定的吸收规律，长期单一种植一种作物或仅使用一种种植模式，会导致某些营养元素缺失，造成土壤养分失衡，从而影响到土壤肥力和肥料的利用率。根据湖北农业科学院植保土肥研究所监测，2015 年与 2010 年相比，攀枝花烟区土壤有机质含量平均降幅达 23.0%，年均下降 4.6%；土壤碱解氮含量降低了 9.5%，年均下降 1.9%；速效磷 43.8 mg/kg，年均提高 18.8%；速效钾 202.6 mg/kg，年均提高 3.1%。可见长期在相同种植模式下，土壤有机质和土壤碱解氮消耗严重，因大量施用化学肥料，土壤中的速效磷和速效钾留存较多，呈逐年增加趋势，导致土壤整体养分不平衡，进而影响烤烟养分的吸收，烟叶产量和品质下降。

二、连作造成有毒物质积累

作物在生长过程中，其根系会产生分泌物，如苯甲酸和酚酸等有害物质，且在土壤中不易转化，随着烤烟长期连作，根系活力会降低，抑制根系对土壤养分的吸收，破坏细胞完整性，并减少光合产物，降低叶绿素，减弱作物抗逆性，最终致使烟叶的产量和质量降低。根据研究，烤烟根系分泌物对烟苗根系活力有着显著的抑制作用，随着长期连作，根系分泌物中化感物质的不断积累，不仅对烤烟生长，对土壤微生物也产生不良影响。

三、连作造成根际微环境恶化

细菌性土壤是土壤质量良好的一个重要指标，真菌性土壤是地力衰竭的标志。随着连作年限增加，有益菌群数量减少，而有害菌群数量增加，会造成微生物系统紊乱，使病原菌大量积累。

土壤酶活性是土壤微生态环境中重要生理活性指标，常用来评价土壤微生态环境的变化。研究结果表明，与正茬烟田相比，连作烟田的转化酶脲酶、中性磷酸酶、脲酶和过氧化氢酶活性显著降低，直接影响到土壤养分的转化及作物对土壤养分的有效吸收。

第四节　烤烟轮作制度

轮作是指在同一块地上，有计划地按顺序轮种不同类型的作物和不同类型的复种形式。在植烟区，调整并完善烤烟种植模式，突出以烟为主，通过轮作进行烤烟和其他经济作物搭配的不同种植模式的更换，可以改善或消除烟草连作障碍，实现烤烟的高质量可持续发展。

一、轮作的机理与意义

1. 轮作在一定程度上可调节和提高土壤肥力，把用地和养地结合起来

由于各种作物从土壤中吸收各类营养元素的数量和比例各不相同，通过作物轮换种植，可避免土壤养分的片面消耗，有利于作物均衡地利用土壤养分。比如，烟叶是对钾元素要求较高的作物，长期连作将造成部分土壤中钾元素过度缺乏，引起土壤养分失调。如禾谷类作物对氮和硅的吸收量较多，而对钙的吸收量较少；豆科作物吸收大量的钙，而吸收硅的数量极少。因此两类作物轮换种植，可保证土壤养分的均衡利用，避免其营养成分的片面消耗，同时轮作可借助根瘤菌的固氮作用，补充土壤中的氮素。

2. 轮作可改善烟地的土壤理化特性，增加生物多样性

利用水旱轮作可改变土壤的生态环境，有利于土壤通气和有机质分解，消除土壤中的有毒物质，防止土壤次生潜育化过程，并可促进土壤中有益微生物的繁殖，改善土壤微生物环境。利用深根作物可将浅根作物溶脱而向下层移动的养分吸收转移上来，残留在根系密集的耕作层，从而改善土壤理化特性，增加耕作层土壤的营养元素，有利于维持或提高土壤有机质水平。

绿肥压青技术作为植烟土壤保育及改良技术之一而被广泛应用，具有使土壤有机质增加，肥力提高，理化性状改善，保肥、保水、增温能力增强，病虫害减少；烟株早生快发，长势均衡，顶叶开片良好，单产提高，烟叶品质改善；减少烟叶种植户化肥投入成本等良好效果。

3. 合理轮作换茬，可免除和减少某些连作所特有的病虫的危害

大多数病菌和虫害都有一定的寄主和寿命，实行定期轮作，病菌和害虫得不到适合其生长和繁殖的生存条件，病菌和害虫数量就会减少或消失，因而可避免和减

轻病菌和害虫对作物的危害。如果连续种植烟叶,会造成病原菌和虫卵在土地中累积,遇到合适条件,可能引起病虫害的流行和暴发。诸如其他烟草的黑胫病、花叶病、青枯病、赤星病、角斑病和炭疽病等病害,也都与连作呈现不同程度的正相关,形成连作时间越长,病害越重的趋势,从而加重了药剂防治,出现农药残留超标现象。在选择前作时,应注意规避茄科和葫芦科作物等,因为它们与烤烟具有相同的病害。而应选择如甘薯、花生等作物和非茄科的中药材作为烤烟的前茬作物,因为这些作物和烤烟的共同病害较少,对提高烟叶品质有利。一些烟叶病害的病原可在土壤中的病株残体上存活较长年限,如果将烟叶与禾本科小麦、薯蓣科甘薯和非茄科的中药材等作物轮作,隔1—2年再种植烟叶,可以使这些病原菌、虫卵因得不到适当寄主而减少或消失,从而大大减轻其危害。

烟稻轮作对烟草青枯病等土传病害的防治效果显著,并能减轻烟草赤星病、烟草野火病和烟草蛙眼病等叶斑类病害的危害。隔年轮作的间隔时间越长,防病效果越好。

4. 轮作可以促进土壤中对病原物有拮抗作用的微生物的活动,从而抑制病原物的滋生

根系分泌物是植物与环境进行物质、能量和信息交流的重要载体。根系分泌物与根际微生物有着紧密的互作关系,两者相互构成了植物与微生物共生体系统。轮作就是利用不同作物根系对土壤环境的不同影响,达到协调土壤养分和改善微生态环境,确保良好的土壤质量状况的目的。不同作物根系的分泌物不同,一些作物根系所产生的分泌物能够抑制某些病菌的发生。研究分析表明,玉米、大蒜、茴香和油菜4种作物的根系分泌物能够迅速杀死烟草疫霉的游动孢子,抑制其萌发。根据对烟蒜轮作的研究,发现大蒜根系分泌物具有抑制和杀死病菌的作用,对防治烟草青枯病、黑胫病具有较为明显的效果,同时能适当控制和减轻虫害的发生。并且大蒜根系腐解液对烟草黑胫病菌具有较好的抑制作用,对烟草黑胫病有较好的防治效果。

二、轮作的原则

烤烟轮作就是以烤烟种植为主体,遵循烤烟生长发育特性,构建有效缓解连作障碍的生态种植技术模式。即根据当地自然资源,布局与烤烟亲缘关系较远的作物,合理安排种植茬口,做到光、温、水、气、热的科学利用,改善烟区土壤理化性质，起到用地、养地相结合，从而保障烤烟生长环境，提高烤烟产量和质量，促进烤烟产业的可持续发展。

轮作周期是指从烤烟种植起始，经过一次或多次不同作物种植至再一次种植烤烟前的时间。轮作周期的长短主要是由组成轮作的作物种类多少及土壤环境改善程度所决定。因此，轮作周期应充分考虑到烤烟土壤病害残留时间和养分失衡状况，烤烟的一些病害如根、茎病害的病原可在土壤中存活3年以上，若将烤烟与其他作物轮作，隔2~3年再种植烤烟，可以使这些病原菌因得不到适当寄主而死亡，从而大大减轻其危害。研究证明，通过绿肥压青在当季就能翻压还田，绿肥腐解后能有效改良土壤，提高土壤肥力，改善烟田土壤环境，还可提高烤烟品质。压青量越大，品质增效越发显著，如此可缩短轮作周期。

烤烟轮作必须从全局出发，着眼长远，重点突出，统筹兼顾。首先，应明确以烤烟为重点，在作物布局和养分配置上，必须优先考虑保证烟叶的良好品质和产量的相对稳定，确定以烟草为主体的种植制度。其次，轮作制度既要考虑眼前利益，又要考虑长远的发展，力求充分发挥当地的自然条件和社会经济条件的生产潜力。再次，在决定烤烟轮作周期和烟草在轮作中的顺序时，必须根据当地的实际情况，因地制宜地进行灵活安排。轮作要点总结如下：

①选择不同种植方式的作物，如烟稻类的水旱轮作。

②选择与烤烟不同科的作物，茄科作物和葫芦科作物不宜作为烤烟前茬作物，因为它们与烤烟具有相同的病害。

③茬口的时间要适宜，即前作的正常收获时间不影响烤烟及时移栽。

④施用氮肥过多的作物，如蔬菜，尤其是叶菜类作物等，不宜为烤烟前茬作物。

⑤选择适宜本地生长的绿肥品种进行种植压青，改善土壤的理化结构和增加土壤肥力。

第五节　攀枝花烟区轮作模式

由于攀枝花烟区年度雨水分布不均衡，雨水主要集中在大春作物栽培季节，小春作物因气候干旱，一半区域因远离水源，无水浇灌，种植作物收益较低或撂荒，有水浇灌区域的小春作物收益较高。鉴于攀枝花烤烟为大春种植作物，攀枝花烟区的轮作方式主要是旱地轮作模式，极个别水源丰富的地方具备水旱轮作模式。

一、水旱轮作模式

水旱轮作是指在同一地块中于大春种植水稻，在小春种植其他旱地作物，下一季大春种植烤烟的种植模式。水旱轮作因季节性的干湿交替，使得适合在旱地滋生的病菌和适合在旱地生长的害虫、杂草在水层的覆盖下大量死亡或失去活性。水旱2类作物从土壤中吸收养分的数量和比例不同，可避免土壤养分片面消耗，而得到均衡利用。此种轮作模式利于土壤的通气和有机质的分解，消除土壤中的有害物质，促进土壤中部分有益微生物的繁殖，同时，可以改善土壤结构，调节土壤酸碱度，提高土壤生物活性，克服轮作障碍，改变长期旱作单一模式，是消除烟区弊病最有效、最直接、最经济的方法。同时，在小春种植豌豆、油菜、小麦、大蒜等与烤烟不同科且不影响烤烟的茬口作物，可以消除土壤中的有毒物质，促进有益微生物的活动，达到提高地力和肥效的作用。

二、旱地轮作模式

旱地轮作是指在同一地块中，依照一定顺序轮换种植不同类型作物的一种种植模式，是攀枝花烟区的主要轮作模式。由于烤烟属茄科作物，在选择前茬或后茬作物时，要处理好烤烟与前后作物的关系，同时要避开其他茄科和葫芦科作物，如番茄、辣椒、茄子、马铃薯、南瓜、西瓜等，以免互相传播病害。

通常轮作周期越长越好，但因烟叶种植受土地面积的局限，可分为一年二熟制、二年四熟制和三年六熟制。适合攀枝花烟区轮作的作物有麦类的小麦、大麦、燕麦，油菜，玉米包括鲜食玉米、饲用玉米，豆类的豌豆、蚕豆、大豆、四季豆、豇豆等，以及黑麦草、苕子、紫云英等绿肥。轮作方式因气候、土壤、作物生长期等不同而异。

旱地轮作的主要方式有三种。

1. 一年二熟制

第一年：烤烟——小麦、豌豆、绿肥等；

第二年：烤烟——大蒜、油菜、豆类等。

2. 二年四熟制

第一年：烤烟——油菜、小麦、豌豆等；

第二年：玉米、豆类——绿肥、大麦；

第三年：烤烟——小麦、大蒜。

3. 三年六熟制

第一年：烤烟——豌豆、小麦、油菜等；

第二年：豆类、玉米——大麦、大蒜；

第三年：玉米、豆类——油菜、小麦；

第四年：烤烟——绿肥。

第六节　攀枝花烟区轮作规划

攀枝花烟区轮作规划应本着当地大春雨水多，小春干旱及土地面积局限等因素，根据生物多样性理论，充分考虑烤烟生物学特性及与后茬作物的关系，有计划地在一定地块上实行合理轮换作物种植，进行专业布局规划，建立优质烤烟可持续发展的耕作制度，全方位考虑土壤肥力的发展状态，调节和改善耕作土壤的微生态环境和土壤肥力，减轻病虫害的危害，从而保障烤烟的品质和产量的基本稳定，推动烤烟产业健康稳定持续地发展。同时，从烤烟生产全局出发，制定相关政策，促进烤烟轮作规划有序规范地贯彻落实。

一、定期开展土壤普查，完善烟区土壤监控制度

针对攀枝花 7 万余亩基本烟地（田），加强耕地质量调查监测能力建设，定期开展轮作耕地质量监测与评价，根据现实土壤养分变化和烤烟所需的养分指标，通过土壤肥力评级，建立成熟完善的指标体系，划出烤烟土壤的最适宜区、适宜区、次适宜区和不宜区。并将此区划作为轮作规划的依据，有意识地把烤烟种植集中到适宜区和最适宜地区，对最适宜区和适宜区可保持其烤烟耕作制度，对次适宜区和不宜区进行合理适宜的轮作制度。同时，将采集的数据与烟田面积、烟田类型、地形地貌等关键信息，统一进行数据化管理，并分析优化，随时掌握土壤质量动态变化，制定出适宜的烤烟轮作耕作制度。通过统筹安排，推进基本烟地（田）的"划、建、用、养"，优化烟区产能布局、强化基础设施配套，加大土地资源整合力度，保障优质烤烟的生产。并且利用土壤养分普查数据，为当地烟地制定平衡施肥方案，指导烟农科学施肥，保育土壤。

二、因地制宜，推行不同的烤烟轮作模式

根据植烟区土壤养分的动态变化，针对性地采用合理的轮作方式进行轮作，并且建立完善的植烟土壤轮作档案，利于轮作种植区的规划及实施。烤烟土壤的最适宜区、适宜区可采用一年二熟制轮作，继续维护土壤养分的平衡。对于烤烟土壤的次适宜区和不宜区，则采用隔年轮作模式二年四熟制或者三年六熟制，有计划、有程序地安排轮作周期内的茬口作物种植，形成合理的轮作循环，使土壤养分得到有效恢复，并形成固定的制度加以保护。在水源有保证的种植区，优先进行水旱轮作，通过干湿交替，改良土壤，减少土壤病虫害，保持烟田可持续生产能力，形成互为有利、互相促进的可持续发展的良性循环。

三、加强基础水利建设，为轮作提供保障

由于攀枝花雨水资源全年不均衡，烟水配套工程的不足和老化，阻碍了农业健康发展。特别是11月至翌年4月的干季，因很少出现中雨以上的天气，直接影响到烤烟后茬作物的生长，个别年份因出现伏旱，造成烤烟生产受挫，从而影响到烤烟轮作的实施。因此，应加强农田水利工程建设，与现有的山坪塘、小水窖、小水塘等设施构建成结构完备且科学高效的灌溉网络，同时利用节水灌溉技术和设施（尤其是滴灌）保障烤烟后茬作物生产，有利于烤烟后茬作物种类或品种有着更多的选择，也有利于解决烤烟移栽和前期生长的水分不足问题，同时也利于土壤中有机质的矿化分解，提高土壤的有效肥力，从而为烤烟轮作生产提供有力保障。

四、利用其他土壤保育措施，弥补烤烟轮作的不足

在烤烟轮作过程中，根据烤烟和轮作作物的需肥特性及土壤肥力和微生物失调状况，有计划、有步骤地推行商品有机肥、堆沤农家肥、绿肥翻压、秸秆还田等措施，弥补土壤有机质的不足；利用微生物菌肥改善土壤活性，增加土壤有益菌，增加土壤团粒结构，提高肥料利用率；利用土壤结构调理剂、保水剂、土壤酸化调理剂等土壤改良剂改善土壤 pH 值和土壤理化性状。通过土壤保育措施，形成土壤保育技术体系而应用在作物轮作中，做到用养结合，达到改良土壤、培肥地力、提高土壤保水保肥能力、阻控土壤中的不良因素的目的，从而加快土壤质量的恢复，提高耕地生态轮作实施质量和实施效果。

五、加强烟农轮作培训和技术指导，促进轮作制度的落实

烟农是土地的耕耘者、现代科学技术的践行者、作物种植的受益者，因此，需

注重和加强烟农在思想上对现代农业耕作制度的认知，改变不良的传统种植规程，倡导烟农树立起土壤保育是提升烤烟产量和质量重要途径的观念，认清土壤连作对烤烟生产和效益带来的危害，以及轮作制度等技术能够提高土壤质量并提高烤烟品质的重要性，形成人人主动参与到土壤保育工作中来的良好氛围，持续维护和改良植烟土壤，实现土地在保护中利用、在利用中保护的长期发展目标。同时，开展现代耕作制度中的各项技术培训，着力提升烟农的科学施肥、精准施药和耕地保育水平，提高土壤培育和合理利用的能力，促进烤烟轮作制度的推广应用。

创建多点烤烟轮作示范区和烤烟轮作示范户，将土壤保育技术体系集中示范展示，以实实在在的轮作用地、养地成效，提高烟农对现代农业的认知，激发烟农的主观能动性，自主开展耕地轮作。并通过技术指导，引导村民因地制宜选择烤烟后接茬作物种植，稳妥、有序地实施烤烟轮作，从而形成良好的绿色生产方式，充分发挥标准化生产典型示范、以点带面、全面推进、整体提升的效果，促进土壤保育工作巩固提升，实现绿色、低碳、循环高质量发展，同时提高烟农的收益。

第四章

彰显攀枝花烟区清甜香型风格特色烟叶栽培技术

第一节 品种

近年来，攀枝花烟区主栽品种为 MS 云烟 85 和 MS 云烟 87，MS 是雄性不育系的简称。在烤烟生产中，对雄性不育系的直接利用可以杜绝烟农自行留种，保护育种者的知识产权，防止品种因自行留种造成的品种退化。云烟 85 和云烟 87 品种在攀枝花烟区适应性强，清香甜润香型风格明显，是攀枝花烟区栽培的主导品种。

一、MS 云烟 85

1. 品种来源

云烟 85 是云南省烟草科学研究所用云烟 2 号和 K326 杂交选育而成，1996 年通过全国烟草品种审定委员会审定。1998 年，中国烟草育种研究（南方）中心、云南省烟草农业科学研究院利用烤烟云烟 85 通过转育，培育出了烤烟雄性不育系 MS 云烟 85。

2. 特征特性

（1）农艺性状

该品种株式塔形，自然株高 150 ~ 170 cm，打顶株高 110 ~ 120 cm，节距 5 ~ 5.8 cm，茎围 7 ~ 8.03 cm，着生叶数 22 ~ 26 片，有效叶数 18 ~ 22 片，腰叶长椭圆形，叶尖渐尖，叶面较平，叶缘呈波浪状，叶肉组织细致，茎叶角度中等，花序松散，花朵红色，腋芽生长势强。大田生育期 120 d 左右。亩产量 150 ~ 170 kg。

（2）烟叶质量

初烤原烟多金黄色，色度强，油分多，叶片结构疏松，厚薄适中，评吸香气质好，清甜香型较好彰显，香气量尚足，杂气微有，劲头适中，刺激性微有，余味尚舒适，燃烧性强，灰色灰白。

（3）抗病性

高抗黑胫病，中抗南方根结线虫病，感爪哇根结线虫病，耐赤星病和普通花叶病。

（4）栽培技术要点

MS 云烟 85 耐肥性强，适宜在中等肥力以上田地种植，亩施纯氮 7 ~ 8 kg，每亩 1 100 ~ 1 200 株，氮、磷、钾比例为 1:（0.5 ~ 1）:（2 ~ 2.5），现蕾时打顶，留叶 18 ~ 22 片。特别要注意该品种大田生长初期受环境胁迫，如干旱等的影响，有 10 ~ 15 d 抑制生长期，应加强田间管理，不可打顶过低，盲目增加肥料，后期生长势强。

（5）烘烤技术要点

MS 云烟 85 变黄失水速度适中，易烘烤。在采收充分成熟烟叶的基础上，变黄期温度 38 ~ 40 ℃，定色期温度 52 ~ 54 ℃，干筋期温度不超过 68 ℃。

（6）适宜种植地区

适应性较强，可在不同海拔、不同土壤及肥力烟地推广。

二、MS 云烟 87

1. 品种来源

云烟 87 是云南省烟草农业科学研究院、中国烟草育种研究（南方）中心以云烟 2 号为母本，K326 为父本杂交选育而成，2000 年 12 月通过国家品种审定委员会审定。2000 年，中国烟草育种研究（南方）中心、云南省烟草农业科学研究院利用烤烟品种云烟 87，转育而成烤烟雄性不育系 MS 云烟 87。

2. 特征特性

（1）农艺性状

该品种株式塔形，打顶后近似筒形，自然株高 178 ~ 185 cm，打顶株高 110 ~ 118 cm，大田着生叶数 25 ~ 27 片，可采收叶 20 ~ 21 片，叶形长椭圆形，腰叶长为 73 ~ 82 cm，宽为 28.2 ~ 34 cm。茎叶角度中，叶尖渐尖，主脉粗细中等，节距

5.5~6.5 cm，花序集中，花朵淡红色。大田生育期 120 d 左右，亩产量 150~175 kg。

（2）烟叶质量

初烤原烟多金黄色，色度强，油分多，叶片结构疏松，厚薄适中。MS 云烟 87 属清甜香型，香气中至中偏上，香气足，浓度中，劲头中，刺激性有，余味尚舒适，燃烧性强，灰色白。

（3）抗病性

中抗黑胫病，中抗南方根结线虫病、中抗爪哇根结线虫病，感赤星病、普通花叶病，中抗青枯病。

（4）栽培技术要点

MS 云烟 87 的移栽期为 4 月下旬至 5 月上旬。适宜在中上等肥力地块种植，其耐肥性适中，亩施纯氮 7~8 kg，并注意氮、磷、钾的合理配比，一般以 1:（0.5~1）:（2~2.5）为宜。栽植密度田烟 1 100 株，地烟 1 200 株，留叶数 20~21 片。该品种大田生长初期受环境胁迫，如干旱等的影响，有 10~15 d 抑制生长期，注意加强田间管理，不可打顶过低，盲目增加肥料，后期生长势强。MS 云烟 87 下部叶片节距稀，有利于田间通风透光，叶片分层落黄，采收时严格掌握成熟度，成熟采收，不采生叶。

（5）烘烤技术要点

MS 云烟 87 叶片厚薄适中，田间落黄均匀，易烘烤，其变黄定色期和失水期协调一致，烘烤变黄期温度 38~40 ℃，期温度 52~54 ℃，将叶肉基本烤干，干筋期在 68 ℃ 以下，烤干全炉烟叶，以保证香气充足。

（6）适宜种植地区

适应性较强，可在不同海拔、不同土壤及肥力烟地推广。

第二节　烟株适宜的个体发育和群体结构农艺指标构建

单位作物群体数量也称为密度，影响作物的产量和品质，在不同的时期人们对于群体数量的认识存在一定的变化，大致经历了 3 个时期，即主攻密度，一味追求群体数量；主攻壮个体，片面追求个体质量，不重视群体数量；个体质量和群体数量兼顾，追求作物群体质量。

种植密度是决定烤烟生产质量的重要因素之一，密度小有利于烟株个体发展，但由于每公顷栽烟株数的减少将导致单产降低，烤后烟叶形成大、深、厚，内在化学成分不协调。反之，密度过大则会导致烟株个体长势较弱，病害严重，烤后烟叶叶薄色淡等。

烤烟是叶用经济作物，打顶留叶是调节烟株营养的重要手段，留叶数多少不仅与产量高低有直接的关系，而且对品质也有重要的影响。一般说来，只有留叶数合理，才能取得理想的经济效果。种植密度和留叶数是影响烤烟产量和质量的两大主要因素。种植密度是决定作物有效截光叶面积，影响群体光合效能和田间微气象的主要因素，而留叶数则直接影响烤烟打顶后干物质的生产与分配。因此，合理的烤烟种植密度与留叶数结合进行大田栽培，对保证烤烟目标产量，提高烟叶等级及改善烟叶内在化学品质具有重要的意义。

近年来，在烟草栽培技术上，科技工作者研究了不同施氮量和种植密度对烤烟生长发育、农艺性状、产质量、可用性、烘烤、香气特性等的影响，证明合理的施氮量能提升烟叶生产质量，合理地控制种植密度，能促进烟叶在生长时的光合作用，促进烟叶植株的生长，提高生长的质量和品质。不同施氮量和不同种植密度的交互作用，会影响烤烟的可用性和烟气特性。这些研究成果表明了在烤烟栽培中，施氮水平和栽培密度对烟叶农艺性状和质量影响的重要性，其本质就是烟株个体发育水平和群体密度之间的重要协调，即在一个合适的群体中，培育发育适当的个体，促进整个群体取得一个较好的产量、质量和效益，达到当地生态环境下一个预期栽培目标。这种通过栽培手段调控烟株个体发育和群体结构的结果就是中棵烟。

科技工作者于1983年初次定义的中棵烟，就是通过栽培技术措施使烟株生长中等，烟叶产量和品质得到保证的标准。中棵烟的田间长相是烟株生长整齐一致，植株高度中等，红花大金元打顶后株高 100～110 cm，G28 打顶后株高 90～100 cm。1981 年对红花大金元的研究，认为以中棵烟的标准来衡量，其最大叶长为65 cm，宽为 29 cm 左右，顶叶长为 53 cm，宽为 15 cm 左右，茎径 2.9 cm 左右，田间最大叶面积系数 3.5。栽成中棵烟后叶片褪色好，进烤房耐烤。随着卷烟工业企业对烤烟原料的个性化需求趋势日益明显，科研工作者围绕烤烟主产区中棵烟培育进行了相关研究和探索，认为理想烟株为下部叶阳光充足，上部叶叶片展开，整株叶片厚薄适中，缩小部位间烟叶质量差异，达到叶尖与叶基的色泽一致，叶背与叶面的色泽一致；山东诸城通过大小行种植和较常年增密 100～200 株/亩等措施来培育中棵烟，并提出其标准为烟株长相前期腰鼓型，后期筒型，株高 100～120 cm，单株有效叶数 20 片左右，最大叶长不超过 75 cm，中部烟叶单叶重 9～12 g；湖北十堰提出的中棵烟表现为打顶后株高 100～120 cm，茎围 8～10 cm，节距 4～5 cm，下部叶长 50～60 cm，宽 22～28 cm；中部叶长 55～70 cm，宽 25～30 cm；上部叶长 55～65 cm，宽 20～28 cm。河南三门峡、湖北恩施和山东淄博等烟区也相继通过改善株行距配置、调控营养供应、实施绿色防控等措施来培育和构建当地的中棵烟技术体系，都认为各自提出的烤烟株型表现能够获得优质适产的烟叶。

通过科研工作者的研究和烟区的生产实践，攀枝花烟区 2017 年在《攀枝花市中棵烤烟栽培技术图册》中提出了攀枝花烟区主栽品种云烟 85 和云烟 87 中棵烟的个体发育指标、群体结构指标及烟叶质量指标。个体发育指标为打顶后的定型株型为圆筒形，打顶后株高 100～120 cm，单株有效留叶数 18～22 片。叶片大小：下部叶长 55～65 cm，宽 25～30 cm；中部叶长 60～70 cm，宽 20～30 cm；上二棚叶长 55～70 cm，宽 15～25 cm；顶部叶长 50～55 cm，宽 15～20 cm。单叶重：下部烟叶 5～7 g，中部烟叶 7～9 g，上部烟叶 9～11 g。群体结构指标为种植密度 1 200 株/亩，每亩有效叶片数 22 000～24 000 片；圆顶后行间叶尖距离 10～20 cm，田间最大叶面积系数在 3.2～3.6。烟株营养均衡，发育良好，整齐一致，叶色正常，能分层落黄成熟，无缺素症状或营养失调症状。烟叶质量指标为外观质量烤后烟叶成熟度好，颜色以橘黄为主，烟叶厚薄适中，组织结构疏松，叶片柔软，弹性好，油分足，光泽强。内在质量总糖 25%～30%，还原糖 20%～25%，总氮 1.5%～2.5%，烟碱含量下部叶 1.5%～2.0%，中部叶 2.0%～2.8%，上部叶 3.0%～3.8%；淀粉 ≤ 4.5%，氧化钾 ≥2.4%。感官质量为清甜香型，香气甜润而清香，香气质好，香气量足，劲头适中，杂气少，余味舒适，刺激性小，燃烧性好。

科研工作者通过研究施氮量和种植密度对攀西地区烤烟个体发育水平和群体结构的影响、攀枝花烤烟个体发育水平和群体结构调控技术，探索与构建攀枝花清甜香型烟区中棵烟农艺性状指标体系，以彰显攀枝花山地烤烟清甜香型风格特征。2022 年，结合生态条件、生产需求和工业对原料的质量要求，对 2017 年提出的个体发育指标和群体结构指标进行了调整。

攀枝花山地植烟区在 1 700 ~ 2 200 m 海拔区，中等肥力的土壤，养分投入每亩纯氮 7.45 kg，纯磷 7.5 kg，纯钾 20.9 kg。在此基础上，中棵烟农艺性状指标构建如下：

一、烟株个体农艺指标

平顶期平均株高 1.1 ~ 1.3 m，平均茎围 11 ~ 13 cm，平均叶片数 18 ~ 22 片，下部叶平均叶长 75 ~ 81 cm，宽 30 ~ 32 cm，中部平均叶长 72 ~ 82 cm，平均叶宽 25 ~ 30 cm，顶叶平均叶长 65 ~ 70 cm，平均叶宽 18 ~ 22 cm，株型筒形。

下部烟叶成熟期 SPAD 值 20 ~ 28，中部叶片成熟期 SPAD 值 10 ~ 14，上部叶片成熟 SPAD 值 13 ~ 16。

烤后原烟下部叶平均叶长 60 ~ 65 cm，平均叶宽 20 ~ 25 cm，中部平均叶长 70 ~ 75 cm，平均叶宽 25 ~ 28 cm，上部平均叶长 60 ~ 62 cm，上部平均叶宽 18 ~ 20 cm。见表 29 所示。

表 29　烟株个体发育农艺性状指标

移栽后天数/d	株高/cm	茎围/cm	节距/cm	叶片数/片	最大叶长/cm	最大叶宽/cm
15	6.25 ± 0.59	2.06 ± 0.27	1.31 ± 0.17	4.80 ± 0.63	15.85 ± 1.33	7.35 ± 0.82
30	10.15 ± 1.49	2.76 ± 0.41	1.41 ± 0.16	7.20 ± 0.42	19.25 ± 1.48	9.40 ± 1.20
45	56.9 ± 3.13	7.99 ± 0.96	3.25 ± 0.29	17.60 ± 1.71	57.95 ± 2.51	30.28 ± 2.75
60	119.4 ± 6.82	9.11 ± 0.59	5.50 ± 0.29	21.70 ± 0.48	74.22 ± 2.05	28.20 ± 4.26
75	126.5 ± 5.70	12.55 ± 0.83	5.92 ± 0.39	21.40 ± 1.07	78.10 ± 2.08	28.60 ± 2.37
90	133.5 ± 2.99	12.65 ± 0.82	6.31 ± 0.29	21.80 ± 0.79	78.70 ± 2.71	28.23 ± 1.65
105	133.7 ± 2.79	12.76 ± 0.63	6.37 ± 0.27	21.00 ± 0.82	83.40 ± 7.59	27.50 ± 2.96

二、烟株群体农艺指标

株距 0.45 ~ 0.5 m，行距 1.2 m，群体密度 1 100 ~ 1 200 株/亩，打顶后有效叶片数 2.2 万 ~ 2.4 万片/亩，打顶后叶面积系数 3.6 ~ 4.0，打顶后行间叶间距 20 ~ 25 cm。

三、经济指标

下部叶平均单叶重 8 ~ 10 g，中部叶平均单叶重 10 ~ 12 g，上部叶平均单叶重 12 ~ 14 g。亩产量 160 ~ 200 kg。

四、内在质量

1. 外观质量

烤后烟叶以橘黄为主，色彩纯正，身份厚度适中，叶片结构疏松，成熟度好，叶片有油润感，均匀度好，光泽强。

2. 化学质量

下部叶总糖含量21%~35%，还原糖含量17%~28%，总植物碱含量1.1%~2.0%，总氮含量1.0%~2.0%，钾含量≥2.0%，氯含量0.2%~1.0%；

中部叶总糖含量24%~38%，还原糖含量19%~30%，总植物碱含量1.8%~2.9%，总氮含量1.7%~2.8%，钾含量≥2.0%，氯含量0.2%~1.0%；

上部叶总糖含量22%~35%，还原糖含量17.5%~28.0%，总植物碱含量2.2%~3.2%，总氮含量1.8%~2.9%，钾含量≥2.0%，氯含量0.2%~1.0%

3. 感官评吸质量

清甜香型，以清甜香为主体香韵，香气甜润而清香，香气质好，香气量足，劲头适中，杂气少，余味舒适，刺激性小，燃烧性好。

第三节　漂浮育苗技术

漂浮育苗技术属无土栽培育苗技术，是将烟叶包衣种子直播于填满基质的育苗盘孔穴上，育苗盘漂浮在有尼龙网和棚膜保护的盛有营养液的池中，经人工调控，提供烟苗生长所需的光、温、水、气及营养物质等，使烟苗正常生长发育，培育出健壮整齐的烟苗。漂浮育苗技术是现阶段攀枝花植烟区主要应用的一种育苗技术，技术相对成熟，培育的烟苗苗壮、病害少，烟叶种植户认可度高。

一、育苗物资

1. 基质

基质特指由草炭、腐熟植物秸秆等有机物料和珍珠岩、蛭石等天然矿物为主配制的，用于烟草漂浮育苗生产的人造土壤。基质的生产均按 YC/T 310—2009《烟草漂浮育苗基质标准》执行。

2. 育苗肥

采用漂浮育苗专用肥，肥料中氮：磷（P_2O_5）：钾（K_2O）=18:10:20，肥料中还含有镁、硫、铁、锰、硼、锌、钼等微量元素。肥料中矿质养分含量见表30。

表30　肥料中矿物质含量表　　　　单位:%

元素	含量	备注
氮（N）	18	
五氧化二磷（P_2O_5）	10	
氧化钾（K_2O）	20	
镁（Mg）	0.05	
硫（S）	0.05	NO_3-N　60
铁（Fe）	0.05	NH_4-N　40
锰（Mn）	0.05	
硼（B）	0.02	
铜（Cu）	0.02	
锌（Zn）	0.02	
钼（Mo）	0.005	

3. 育苗盘

（1）常规漂浮育苗盘

采用160穴的聚苯乙烯泡沫漂盘，规格为长33~34 cm，宽为53~54 cm，高5~6 cm。单钵呈倒梯台状，底部小孔直径0.5~0.6 cm。每穴位装营养基料220 g，见表31所示。

表31　聚苯乙烯泡沫育苗盘（常规）规格表

项目	指标			
长×宽×高/mm	525×335×60			
孔径（平台体）/mm	上孔	25×25	下孔	15×15
	底孔直径	5±1	底厚度	4±1
孔间距/mm	面孔	5±2	底孔	25±2
孔数（长×宽）/个	16×10			
装料量/（g·穴$^{-1}$）	110±10			
误差/mm	±5			

（2）小苗漂浮育苗盘

根据培育小苗的特点，育苗推荐使用的漂盘长为 665 mm，宽为 365 mm，高为 35 mm，每穴位装营养基料230 g，630 穴/盘，单穴呈倒梯台状，底部小孔直径0.2 ~ 0.3 cm。详见表32、表33、图1 所示。

表32　聚苯乙烯泡沫育苗盘（小苗）规格表

项目	指标			
长×宽×高/mm	650×355×65			
孔径（平台体）/mm	上孔	10×10	下孔	5×5
	底孔直径	2±1	底厚度	1±1
孔间距/mm	面孔	2±1	底孔	4±1
孔数（长×宽）/个	35×18			
装料量/（g·穴⁻¹）	220±10			

表33　常规苗盘、小苗苗盘外观要求表

项目	要求
色泽	白色
外形	表面平整，无明显鼓胀、收缩变形
熔结	熔结良好、无明显掉粒现象裂痕
杂质	无机械性杂质

图1　育苗棚内育苗盘的摆放

4. 苗池

池内空长 9.7 m，宽 1.37 m，高 12～15 cm，单池放 160 穴/盘规格的漂盘 72 盘，可供苗移栽 9 亩。

5. 棚膜与池膜

棚膜采用聚乙烯透明无滴白膜，厚 0.08 mm，长为 11 m，宽为 2 m。

池膜即育苗池底垫膜，使用厚度为 0.10～0.12 mm 黑色塑料薄膜，长为 13.5 m，宽为 3 m。

6. 池水

配制营养液的水必须清洁、无污染。可用饮用水、井水、无污染流动水等，不能使用坑塘水。

7. 覆盖物

（1）防虫网

采用 40 目白色尼龙网，全棚覆盖，包括棚门。

（2）遮阳网

在光照较强的烟区宜使用遮光率 70%～80% 的黑色遮阳网。

（3）草帘

特殊气候时使用，覆盖在育苗棚外，用于育苗棚保温。

（4）黏虫板

黄板按照 9 张/棚的标准配备，育苗棚内配备 4 张，育苗点外围配备 5 张。外围悬挂方法是，播种后一周，在育苗点外围进行悬挂，20 d 更换一次，两张之间距离 2 m，悬挂高度距离地面 1 m。棚内悬挂方法是，出苗后，育苗棚两侧距离门口 2 m，距离烟苗 10～12 cm 放置黄板，30 d 更换一次。

二、育苗操作技术

1. 场地要求

（1）选址

①建棚场时，根据种烟地块，选择适宜的距离和位址建造育苗棚。

②棚址选在避风向阳，小气候利于保温，地势平坦，靠近洁净水源（井水、自来水），交通方便的地方。

③禁止在种植过茄科、十字花科的蔬菜地建棚；禁止在风口处、山脚下、地下

水位较高的地方建棚。

④要远离烤房群及烟叶仓库。

（2）场地规划

①育苗场地应设有消毒区、装盘播种区、育苗区、隔离区（网）等。

②消毒区设置在进入每个育苗棚的门口，尺寸为长 1.2 m，宽 1 m。

③装盘播种区与育苗区分开设置，面积不低于 20 m²。

④育苗区根据育苗数量，一亩所需苗量按 2.2 m² 的面积进行规划。

⑤在面积较大的育苗区域（育苗工场），单独设立参观棚，减少病原传播的概率。

（3）周边设施

育苗区域应有以下的设施。

①隔离带。苗床周围设隔离带，除管理人员外，严禁闲杂人员及畜禽进入。

②警示牌。在育苗区域设立严禁吸烟的警示牌。

③病残体和苗床垃圾处理池。在育苗区域外建造病残体等苗床垃圾集中处理池，对间苗、剪叶时的烟苗残体和病残株进行处理。

2. 育苗棚池的方位选择

顺东西方向摆放。

3. 苗床（漂浮池）建造

（1）建造标准

中棚建造标准为长 10 m，宽 3.7 m，拱高 1.8 m。棚内建两个标准苗床，两厢合一棚。常规育苗144 盘/棚，可供18 亩大田移栽用苗；小苗育苗108 盘/棚，可供54 亩大田移栽用苗。

（2）育苗池建造标准

①规范划线，铲平池基场地。

②按规格筑建育苗池。中埂为 50 cm 的走道，边埂宽 12 cm，埂高 15 cm，如需铺垫保温层埂高为 18 cm，保温层材料可选用 0.1% 硫酸锌溶液消毒的稻草、松针等。

③平整育苗池地面，使池底水平差≤2 cm。

④检查确认无尖硬物，待消毒后再铺上黑膜，包严池埂。

（3）放水、盖膜、晒水

育苗池建好后放水、盖膜，晒水的目的是提高苗池水温。

4. 装盘和播种

（1）基质装盘

装盘场地应平整、卫生。基质是否拌水、蹲盘要根据当年基质观测试验的结果判断。基质装盘后刮平盘面至露出孔隔，使盘面整洁光滑。用压穴板压出播种穴，将包衣种播于穴中。

（2）播种

①播种要求。原则上在标准中棚里，一个标准厢每穴播 1 粒包衣种，另一个标准厢每穴播 2 粒包衣种，作为补苗备用，2 粒分隔一定距离，播种深度 0.5 cm。确认种子没有移位后，用喷壶喷水使种子包衣充分裂解，用筛过的细基质适度覆盖，覆盖率100%，后将育苗盘放入营养池中即可。

②播期把握。培育常规苗，各育苗点根据用苗烟区移栽时间反推播种时间，依据海拔和播种时间早晚倒推 75～80 d。分 2 或 3 个批次进行播种，依据移栽期和从播种至出苗的时间确定播种时间，确保成苗时间与移栽时间相符率达到90%以上。

③培育小苗，小苗苗床期一般为 45～50 d。播种时间确定按照常规苗的方法进行推算。标准小苗见图 2。

图 2　标准小苗长相

5. 水质和水量的要求

经消毒和过滤的自来水、井水均可用于漂浮育苗，水的 pH 值以 6.5 为最佳，禁止使用坑塘水和被污染的水源育苗。池水深度控制在 8～12 cm，放盘前可盖膜晒水 3 ~ 5 d，以提高水温。如果池中水分因蒸发或渗漏低于固定水位时，需及时加清洁水至固定水位，并保证营养液的浓度在要求范围之内。如水分过量蒸发出现盐害，用清水均匀淋洒盘面，以降低基质盐分浓度，消除盐害。

6. 苗床施肥

（1）计算公式

①水容量（L）＝育苗池长（m）×宽（m）×水深（m）×1 000（L/m）

②需加肥料（g）＝施肥氮浓度（mg/kg）×水容量（L）÷［肥料中氮含量（%）×1 000］

（2）施肥次数及浓度要求

①在烟苗出齐后用漂浮育苗专用肥，第一次施肥，用氮浓度为 50 mg/kg 的营养液。

②小十字期（20 d 左右）施第二次肥，用氮浓度为 120 mg/kg 的营养液。

③大十字期（30 d 左右）施第三次肥，用氮浓度为 150 mg/kg 的营养液。

④最后两周（成苗期）根据烟苗长势施第四次肥，用氮浓度为 50 mg/kg 的营养液，烟苗无脱肥现象可以不施。施肥时先将育苗肥用适量的水融化，从多点注入池水中，并搅拌均匀。严禁从盘面上方加肥液和水。

（3）技术要求

肥料施入苗池前，需先将肥料完全溶解于水桶中，然后沿苗池走向，边走边将溶液倒入苗池的水中，稍作搅动，使营养液混匀。第二次和第三次施肥后，再注入清水至起始水位，严格禁止从苗盘上方加肥料溶液和水。

7. 苗床温度、湿度管理

①出苗前以保温为主，盘面温度保持在 25 ~ 28 ℃为宜，此时工作重点为注意开闭盖膜。出苗后盘面温度保持在 28 ~ 32 ℃，有利于烟苗快速生长，如盘面温度过低，湿度过大，可短时间揭膜通风，降低湿度。如盘面温度超过 35 ℃会出现热害，要揭开薄膜通风，以免烧苗。小十字期至大十字期如果盘面湿度过大，可以适度晒盘。如遇长时间低温寒潮天气，应选择相对高温的时候揭膜换气，适当降低盘面湿度。每 7 天左右，按对角调换盘位，确保出苗均匀、整齐。

②海拔高于 1 800 m 的烟区，苗期应根据天气情况采取保温措施。

③育苗池底铺垫保温层，育苗盘面上铺盖稻草、松针等。

④高海拔地区采用中棚中套小棚方式育苗。

⑤为预防苗期冻害、移栽时干旱和持续低温天气，可将800~1 000倍稀释液抗水解稳定活性钛肥，在大十字期、成苗期和团棵期喷施。

8. 间苗、补苗、定苗

80%以上的烟苗进入小十字期，按照"去大、去弱、留壮"的原则，间去苗穴内长势较差的烟苗，同时将空穴补全，保证每穴一株，不缺苗，不多苗。间苗必须按卫生要求操作，操作人员用肥皂洗手，使用器件用二氧化氯消毒。同批次烟苗间苗、补苗时间不超过3 d；补苗时烟苗与基质充分接触，补苗后用清水喷淋补苗烟株。苗盘烟苗基本一致，见图3。

图3 苗盘烟苗基本一致

9. 剪叶（常规漂浮育苗）

①修剪次数为3次。从第二次剪叶开始，大力推广机械化剪叶。

②第一次剪叶时间的选择应视各地气温而定，一般在烟苗叶片将育苗盘盘面遮盖，俯视育苗盘时基本已不能看到育苗盘时，即烟苗"封盘搭荫"进行平打剪叶调苗，剪叶程度不超过最大苗最大叶面积的50%。

③第一次剪叶后，根据烟苗长势，一般每隔5~7 d剪一次叶。剪叶高度以距心叶1~2 cm为宜。整个育苗过程剪叶不超过3次。每次剪叶后应注意及时清除掉落在盘内的碎叶。

④剪叶时烟苗叶面要干燥无露水，以利剪后伤口愈合，剪苗时必须做到在每次剪叶前1~2 d，采用抗病毒剂进行预防性施药，避开中午高温施药。

10. 剪叶露秆（常规漂浮育苗）

①第二次剪叶时应掐去烟苗下部的老黄叶，使茎秆充分接受光照，增强茎秆的

韧性。

②剪叶露秆时应注意操作工的消毒。每掐完一盘，要用肥皂水清洗手后方可掐下一盘。

③剪叶后及时喷打预防病毒病的药剂。

11. 炼苗（常规漂浮育苗）

在移栽前 7～10 d，开始用清水断肥炼苗，并逐步揭去盖膜，使烟苗适应外部环境。炼苗程度以烟苗中午发生萎蔫，早晚能恢复为宜，如早晚不能恢复，可适当在叶面洒水。

12. 消毒管理

（1）育苗场所

育苗前应使用二氧化氯对棚体及四周地块进行消毒；定期铲除苗棚四周的杂草，及时清理排水沟并进行药剂消毒。

（2）育苗池

先用杀虫剂、石灰等进行杀虫消毒，然后再铺上黑色塑料膜。

（3）消毒剂

各育苗点统一使用二氧化氯粉剂进行消毒。

①场地消毒。育苗池建好后，用稀释 500 倍二氧化氯消毒液，对场地周围、漂浮池、拱架等进行喷雾消毒。

②池水消毒。育苗池建好注入水后，用稀释 10 万～20 万倍二氧化氯消毒液，均匀泼洒入池水中盖好棚膜，消毒 2～3 d 后使用。

③器具及工作人员手消毒。剪叶前，用稀释 200 倍二氧化氯消毒液浸泡剪刀、剪叶机刀片等器具 15 min。操作人员用肥皂水洗手后，用稀释 1 000 倍稀释液浸泡双手 1～2 min。

④严禁在育苗区内和苗床周围吸烟，不得在营养池中洗手和操作工具。凡进入育苗地的操作人员必须用肥皂洗手和进行鞋底消毒，每个育苗点设置一个观察棚，防止病毒病和其他病害传播。

⑤安全事项。所有人员，尤其是消毒操作人员必须戴橡胶手套，必须保管好消毒药品，严防中毒事件的发生。

13. 壮苗标准

（1）常规苗

苗龄 60～65 d，齐苗到成苗，长势整齐，根系发达，侧根多，根茎基部有白色凸起，无螺旋根；茎秆高度 8～10 cm，茎围 1.5 cm 以上，韧性好；真叶 6～8 片，分布均匀，叶色黄绿；无病虫害，群体整齐一致。三叶一心期，小苗移栽时的标准烟苗见图 4。

图4　三叶一心期，小苗移栽时的标准烟苗

（2）小苗

苗龄 40～45 d，齐苗到成苗，株高 5～6 cm，4 叶 1 心，茎围 1 cm 以上，叶色绿，根系发达，茎秆有韧性，烟苗清秀无病虫害，群体整齐一致。

14. 苗期病虫害综合防治

（1）原则

病虫害防治总要求是坚持"预防为主，综合防治"的植保方针，严禁使用在烟草种植中禁止使用的农药。

（2）应急处理

①生理性病害。包括盐害、冷害、热害。通过喷水淋溶，即可消除盐害。遇到冷害，则要在夜间对苗棚加盖草帘保温。遇到热害，在晴天的中午要及时揭膜降温。

②侵染性病害及虫害。经常通风排湿，加强光照，必要时使用国家烟草专卖局推荐的相应药剂防治。

③绿藻。控制绿藻的具体做法有三点。首先在制作苗池时，依照苗盘的数量确定苗池的大小，尽可能使苗盘摆放后不暴露水面，若有露出地方，宜用其他遮光材料将其覆盖。其次，加强通风，降低棚内湿度。最后加强晾盘，降低基质水分含量。

④药害。药害发生初期，用清水喷洒叶面可缓解症状。

⑤出苗时间长、出苗不整齐。播种后喷水使种子均匀裂解呈粉末状，然后筛盖草炭约2 mm厚，放盘入水，并在播种的第2 d检查包衣，根据其裂解情况来决定是否继续淋水。

⑥出现烟苗黄化要及时晾盘，并叶面喷施营养液肥，促进烟苗早生快发，营养液肥喷施浓度0.5%~1%。

⑦出苗后生长缓慢。萌发至两片子叶展开阶段，叶面喷施稀释500~800倍的叶面肥，并及时用清水冲洗叶面。两片子叶后阶段，在晴天中午，气温高于35 ℃的情况下，要注意通风排湿。

⑧水害。棚膜采用无滴薄膜，并及时通风排湿。

⑨螺旋根。装填基质时要松紧适宜，用手指轻压不再下落即可。播种深度要以基质表面刚好看不到种子为宜。播种深度不超过0.5 cm。

第四节　烟田预整地技术

烟田预整地技术，是在烤烟移栽前对烟叶种植预留地进行的一系列土壤耕作措施的总称，包括前茬残留植株及杂草清理、翻耕、耙地、起垄等操作，其目的是为烟株根系的生长发育创造良好的土壤环境，为烟株移栽和大田管理奠定良好的基础。土地翻耕耙作能改善土壤的理化性状，熟化土壤，提高肥力，并且能减少病虫害和杂草危害。起垄栽烟能增加地表受热面积，提高地温，能增加松土层，扩大根系纵深生长范围，便于排灌方便，减轻病害，且能抗旱保墒，垄作对促进烟株生长发育、提高烟叶产量和品质具有良好的作用，是攀枝花烟叶生产上主要的整地方法。

一、杂物清理

对烤烟前茬的残留植株及杂草进行统一清理，对清理后的残留植株及杂草实行回收或压土焚烧等方式集中处理。

二、土地深翻

1. 深翻时期

在每季烟叶采收完成后，降水量少、气温较低的时期，一般以 12 月至次年 1 月这段时期为佳，在每年 2 月以前要完成冬地深翻工作，到移栽时有 3～4 个月的冬地晒垡时间。

2. 深翻方式

微耕机深翻，在地势较为平缓，种植较分散的地区，使用微耕机进行深翻，翻耕 1～2 次。

大型机械深翻，在地势较为平缓、种植连片的地区，使用大型机械进行翻耕。

对不宜采用机械操作的种烟田块，可采用牛犁或人工的方式进行深翻。

3. 质量要求

深度要求为翻耕后，翻耕深度要达到 30 cm 以上。

翻耕操作要求为逐一进行翻耕，不跳空，不留暗埂，不留死角。

三、耙地

使用微耕机或人工的方式对翻耕的土块进行破碎，耙地深度在 10～15 cm，破碎后土粒大小以 3～5 cm 为宜。

四、起垄准备

在起垄前要做好起垄机、拉线、生石灰、卷尺、板锄、人力的准备。

五、起垄规划

起垄按统一方向、统一高度、统一规格进行规划，平地的朝向以南北走向为宜，缓坡地可沿等高线起垄或斜向起垄，田烟按照顺风方向进行规划，亦可根据当地风向选择，以利通风透光和防止倒伏。

六、起垄规格

行距 120 cm，株距 45～50 cm，初起垄垄高 20 cm 以上。见图 5 所示。

七、拉线

按照起垄规划拉线或使用生石灰划线，注意，在碱性土壤中严禁施用生石灰划线。

八、起垄操作

采取机械、人工和牛犁等方式，根据行距 120 cm 的开厢要求，按拉线和划线的线路开展烟田起垄。使用起垄机起垄的田块，在起垄完成后要进行人工修补，达到垄体饱满，垄直，初起垄高度达到 20 cm 以上。

九、开挖排水沟

在起垄完成后，要在烟田地开挖排水沟，田块大的要开挖腰沟，沟深 40 cm 以上。

十、打塘

定点进行拉线打塘，塘的规格为塘深 18 cm 以上，塘直径 25～30 cm。

十一、注意事项

田块平整后再起垄，土垡不能过大。

起垄后垄体均匀、饱满，宽度、深浅一致，田块整体要做到沟直、土细、排水通畅。

排水沟要做到边沟深于腰沟，腰沟深于厢沟，沟面平直，沟沟相通。

第五节　移栽技术

烟苗的移栽是一个很关键的生产环节，直接关系着壮苗作用的发挥和栽后烟苗的早生快发，进而影响烟叶的产量和品质。因此，必须抓好移栽环节，既要有周密的移栽期安排和物资准备，又要有高规格的移栽质量。攀枝花现阶段主要有常规苗栽培，即大苗移栽和小苗膜下栽培两种方式。小苗膜下栽培指将培育的苗龄在 45 d

左右，苗高6 cm，4 片功能叶的烟苗移栽在地膜下生长15～20 d，当烟苗生长至距离地膜1 cm左右时，再引出地膜面的一种栽培方式。

一、移栽准备

1. 田块准备

烟田在移栽前一个月要起垄打塘，备栽。

2. 物资准备

按照当年物资供应标准，准备肥料、农药、地膜、农药、移栽用具等物资。

3. 劳动力准备

为确保每户烟农能够在3 d内移栽完成，在移栽时，要准备足够的劳动力进行移栽。

4. 水源准备

按照每株7 kg以上的标准备足移栽用水。

5. 烟苗准备

①在移栽前要备足移壮苗，常规苗8 盘/亩，共1 280 株；小苗2 盘/亩，共1 260株。

②烟苗运输到移栽田块后，要在田块附近建一个临时苗池，把烟苗放入苗池。移栽前使用农药浸根，预防土传病害，一般使用烯酰吗啉可湿性粉剂，稀释2 000 倍进行浸根；防治黑胫病用移栽灵，稀释1 500 倍，促进根系生长。

二、烤烟移栽

1. 移栽时间

（1）小苗移栽时间

小苗在4 月30 日前要全部移栽结束，为保证烟叶生长整齐一致，做到一个烟叶收购点移栽期不超过15 d，一个村不超过7 d，一个海拔段（200 m）不超过6 d，每户不超过3 d。

（2）常规移栽时间

海拔1 900 m以上区域，在5 月5 日前栽完，其他烟区须在5 月10 日前栽种结束。其余与小苗一样。

2. 移栽规格

行距不超过 120 cm，株距 45～50 cm，亩栽烟 1 100～1 200 株（图 5）。

图 5　标准行距

3. 覆膜操作

在垄体的一端用土把地膜压紧，向垄体的另一端展开，在展开的过程中适当拉紧地膜，使地膜有一定张力，然后用细土把垄体两侧的地膜压紧不留空隙，一直压到垄体的另一端，划断地膜，用土压实、压紧，完成一垄的覆膜操作。

4. 移栽操作

1）常规苗移栽

（1）先烟后膜移栽方法

①施底肥。底肥施有机肥和磷肥（图 6）。

图 6　环形施肥，尽量挨着烟窝边缘施入

②浇足底水。在每个烟穴内浇足5 L的塘底水，待水下渗后，再栽烟。

③栽烟。将烟苗放入烟穴深栽，只露心叶，用土固定，栽后烟穴的形状呈茶盘状。烟窝深度大于15 cm（图7）。

④施肥覆土。环施复合肥并覆土。

⑤浇定根水。施肥后，再浇2 L/株的定根水。

⑥喷施杀虫药。将杀地下害虫的农药按照说明书的使用比例兑水进行喷施或灌根，喷施时要求整个垄面全覆盖。

图7　小苗移栽烟窝深度大于15 cm

⑦覆膜。在施用杀虫药剂后，及时覆盖地膜。

⑧破膜掏苗、封口。地膜覆盖完成后及时把烟苗掏出膜面，并用细土把破口封严。

（2）先膜后烟移栽方法

①浇水施肥。每株浇底水5 L左右；然后用量杯将复合肥等底肥距烟穴中心8～10 cm处环施，并用细土覆盖。

②喷药覆膜。按照要求首先喷施杀虫剂，然后规范覆盖地膜。

③栽烟。雨季来临时或达到移栽规定时间，及时栽烟，首先将健壮的烟苗放入

移栽器中，再由移栽人员将移栽器插入烟穴中心进行深栽，只露心叶，用土固定。

④浇定根水。有水源条件的再浇2 L/株的定根水。

⑤封口盖土。在定根水浇完后，用细土把地膜的破口封严，栽后烟穴的形状呈茶盘状。

2）小苗移栽

小苗膜下移栽流程：浇底水→栽烟→施肥覆土→喷药覆盖地膜→破孔补苗→掏苗覆土。

①浇底水，按5 L/穴浇足底水。

②栽烟，待土壤充分浸泡2 h后，将小苗植入，再浇少许定根水。

③施底肥，施肥后用腐熟农家肥、腐熟油枯或细干土进行盖穴，以见不到湿土为宜。

④喷药覆膜。按照要求先喷施杀虫剂后规范覆盖地膜。烟苗移栽后，要确保地膜与烟苗顶部有5 cm以上的距离，防止烟苗与地膜接触导致灼伤。

⑤破孔补苗。烟苗移栽3 d后，要检查地膜内温度情况，当地膜内水汽过多、正午地膜内气温超过35 ℃时，要在烟苗周边，距烟苗3 cm的上方，打3个直径为1 cm的小孔。同时结合破孔进行查苗补缺，补苗时要轻轻揭开地膜两侧进行浇水补栽，栽后要及时进行盖膜，以确保烟苗在地膜内保温保湿生长，提高栽后烟苗均匀性。

⑥掏苗覆土。当烟苗长至离地膜顶1 cm处，将地膜破口10～15 cm，隔2～3 d后掏出烟苗，并回细土覆盖根际。掏苗应在早晚进行，避免高温伤苗。

烟苗旺长期长势一致，见图8所示。

图8　烟株旺长期长势一致

5. 注意事项

①移栽时，一定要高茎深栽，只露心叶，做到上齐，下不齐，保证烟叶田间整齐度。

②施肥时，不能把基肥施到烟苗根部，防止烧苗。

③浇定根水时，浇水要缓，避免把苗冲倒。

④封口时，要把烟苗周围的破口全部密封，防止水分大量散失。

⑤施杀虫药，移栽完成后必须用防虫药剂防治1次，防苗期虫害。

第六节 施肥管理技术

烤烟施肥要根据不同的气候和土壤条件，确定施肥的种类、用量和施用方法，除了要保证烤烟能得到足够数量的营养元素外，还要把烤烟的田间长势调整为中棵烟，把产量控制在适宜的范围内，这样才能栽培出攀枝花山地彰显清甜香型风格特色的优质烤烟。通过多年的田间试验和生产验证，攀枝花烟区总结出了适合本地烤烟适用的施肥技术。

一、施肥技术

1. 施肥原则

结合气候条件、土壤肥力状况和种植品种，按照有机肥与无机肥相结合，基肥与追肥相结合，硝态氮与氨态氮相结合，大量元素与中微量元素相结合四个相结合原则，合理确定肥料种类、施肥量、施肥时间、施肥方法。

2. 按地形划分

①山地烟为适氮、稳磷、增钾。

②田烟为控氮、降磷、增钾。

③坡地烟为增氮、稳磷、增钾。

3. 基追肥比例原则

根据土壤质地、坡度等因素，复合肥按照基肥与追肥5∶5、6∶4、7∶3等不同比例灵活施用，无论何种土质、地形，都必须留一定数量的复合肥，在揭膜上厢时与上厢肥一起施用。

4. 用量

①在土壤碱解氮≤60 mg/kg 的低肥力土壤中，施纯氮量 7 ~ 8 kg/亩。

②在土壤碱解氮 60 ~ 120 mg/kg 的中等肥力土壤中，施纯氮量 6 ~ 7 kg/亩。

③在土壤碱解氮≥120 mg/kg 的上等肥力土壤中，施纯氮量 5 ~ 6 kg/亩。

④豆科和绿肥还田的地块，按每亩还田 1 000 kg 鲜青（藤蔓）计算，要减少 0.6 ~ 1.2 kg/亩施氮量。

5. 施肥方法

（1）基肥

复合肥、油枯和充分腐熟的农家肥作底肥施用，可采用圈施或大穴混塘施肥。条施宜用于黏土或壤土，不得用于砂土；塘施要做到塘大塘深，肥料与烟株有一层土壤相隔。

（2）追肥

提苗肥在移栽后 7 ~ 10 d 进行施用，揭膜上厢肥在移栽后 30 d 内施用，如遇到极端天气，根据实际情况做微调。上厢肥结合揭膜培土兑水深施，施肥深度要达到 15 cm；如果干施，施肥深度要达到 15 cm，并用土覆盖。

（3）其他

在大田烟株的生长后期，要根据天气、土壤、长势等因素，对长势较差的烟株增施肥料。土壤 pH 值低于 5 的烟田，在大田预整地时条施 40 ~ 60 kg/亩熟石灰或撒施 100 ~ 150 kg/亩熟石灰。撒施由于施用量较大，可隔 3 ~ 5 年施用一次；条施则只需隔年施用即可。在 pH 值高于 6.5 的区域禁止使用生石灰进行土壤消毒或拉线起垄，可以用硫酸钾作为追肥，逐年降低土壤 pH 值。

二、有机肥有氧堆积发酵技术

1. 方式

可以在庭院内或田间地头进行堆沤发酵。

2. 材料

有氧发酵技术的材料见表 34 所示。

表 34　有氧发酵技术的材料要求

项目	要求
猪粪、牛粪、羊粪等厩肥	500 kg/亩
过磷酸钙和油枯	每亩有机肥堆制，使用过磷酸钙 10 kg，油枯 4~5 kg
木棍、草绳	直径 5 cm 左右，长 1.5 m 左右的木棍或竹竿，足够长的草绳。草绳在木棍上按螺旋式方法进行缠绕，草绳缠绕之间要有一定空隙，便于有机肥堆制发酵通风用
细木棍或秸秆	直径 1 cm，长 20 cm 的细木棍或秸秆约 40 根
盖膜	厚 0.5 mm，宽 2 m，长约 3.5 m，重量 0.7 kg
商品腐熟剂	

3. 堆制流程

（1）场地的选点

有机肥堆制场地要选在背风和雨水冲淋不到的地方，按 500 kg/亩的施肥量来确定堆制的堆数。

（2）堆制场地制作

①在堆制点，开挖宽 10 cm，深 10 cm，长 100~150 cm 的十字沟。

②在十字沟交叉点插上缠满草绳的木棍，木棍要高过发酵堆。

③在十字沟内铺上玉米秸秆或细木棍，防止有机肥堆制时下陷堵塞通风沟，影响发酵。

（3）有机肥堆制

①将发湿的有机肥原料、猪粪、牛粪、农家肥以缠草绳的木棍为圆心，堆铺成直径 100 cm 的圆形，厚度为 15~20 cm，均匀撒上过磷酸钙或油饼。

②在过磷酸钙或油枯上撒铺 15~20 cm 有机肥料或农家肥，如此往复，最后堆成圆锥形。

③每堆铺一层，喷施有机肥有氧发酵的专用微生物菌剂。

④发酵时间在 30 d 以上。

（4）堆制密封或盖膜

用塑料薄膜盖严农家肥发酵，顶部留好通风孔，底部留好 4 个通风孔。

4. 发酵管理

有机肥堆制的管理主要是水分管理和防止地膜被风吹开，防牲畜用角将肥堆撬

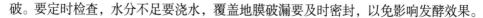

破。要定时检查，水分不足要浇水，覆盖地膜破漏要及时密封，以免影响发酵效果。

5. 注意事项

①发酵操作全程不得使用农药或盛过农药的容器。

②堆制有机肥的湿度掌握在堆积成形时无滴水流出为准。

③严禁在促腐发酵过程中加入杀菌剂，若有虫害可使用杀虫剂。

三、缺素症诊断及矫正

1. 缺素症的主要特征

缺素症的前期症状表现为叶片褪绿、黄化，植株矮小，生长缓慢；严重缺乏时，叶片表面出现枯死斑点、斑块或烧焦状，叶片畸形，甚至枯死。缺素症在田间成片发生，分布比较均匀，无传染性。

2. 缺素症的诊断方法

1）缺氮

（1）症状

烟草缺氮时，前期表现在下部老叶片正常的绿色减褪，呈浅绿色或黄色，而后逐渐干枯脱落，症状从下向上扩展，烟株生长缓慢，植株矮小，叶片小而薄。

（2）诊断方法

①形态诊断　烟株缺氮症状以黄、小为其特征，通常容易判断，但单凭形态判断难免误诊，仍需结合土壤、植株诊断。

②土壤诊断　土壤的氮素诊断一般以水解氮为指标，通常应用碱解扩散法进行测定，丰缺指标见表35。

表35　土壤有效氮丰缺指标　　　　　　　　　单位：g/kg

低	中等	较高	高
<60	60～90	90～120	120～150

③烟株组织液速测验　现场采摘病株和无病株中部叶片各5片，提取鲜叶组织液，采用硝酸试粉法测定硝态氮含量其结果应符合表36的规定。

表36　组织液中硝态氮含量分级指标

色别	微红～极淡红	中等桃红	深桃红
氮素营养状况	缺乏	一般	丰富

（3）矫正措施

根据土壤检测结果，进行合理施肥。增施氮肥的同时，要配施适量的磷、钾肥，以均衡烟株养分。烤烟在旺长期出现脱肥现象，需先对烤烟生长环境做判断，如排除了田间积水、干旱、根系发育不良等情况，提苗肥兑水施用能迅速解决症状；烤烟在成熟期出现脱肥现象，土壤施肥已较难操作，施肥量不易把握。根据脱肥的情况，采取 0.5% ~1% 追肥兑水提苗肥或硝铵磷叶面喷施，可适当矫正。

2）缺磷

（1）症状

缺磷可使烟株生长缓慢，株型矮小瘦弱，根系发育不良，叶片较狭窄而直立。轻度缺磷时，烟叶呈暗绿色，缺乏光泽，单位叶面积含叶绿素密度相对提高。严重缺磷时，烟株茎基部的老叶开始出现斑点，干枯后变成褐色至黑褐色，易与野火病、赤星病及其他生理性斑点混淆。缺磷症首先出现在老叶上，逐渐向上部发展。

（2）诊断方法

①形态诊断。典型症状是轻度缺磷，叶色呈暗绿；严重缺磷时，下部老叶出现斑点。

②烟株组织液速测诊断。取病株及无病株中部叶片各 5 片，提取其组织液，被浸提出来的磷在一定酸度条件下与钼酸铵作用生成磷钼杂多酸，以还原剂还原成蓝色的磷钼蓝判断磷含量的高低状况见表37。

表37　组织液中磷素营养状况

磷素营养状况	缺至极缺	中等	丰富
呈色程度	浅蓝至黄绿	中等蓝	深蓝

③土壤诊断。土壤全磷含量一般不作为诊断依据，而土壤有效磷含量是判断磷营养供应状况的重要指标，因土壤类型不同，采用的浸提剂各异。石灰性土壤和中性土壤一般采用 0.5 mol/L 碳酸氢钠提取；酸性土壤一般用氟化铵 0.03 mol/L + 盐酸 0.025 mol/L 提取，其指标见表38。

表38　土壤速效磷水平

严重缺乏/ ($\mu g \cdot g^{-1}$)	缺乏/ ($\mu g \cdot g^{-1}$)	中等/ ($\mu g \cdot g^{-1}$)	丰富/ ($\mu g \cdot g^{-1}$)	浸提剂
—	0 ~ 5	5 ~ 10	>10	0.5/mol·L^{-1}碳酸氢钠
<3	3 ~ 7	7 ~ 20	>20	0.03/mol·L^{-1}氟化铵 + 0.025/mol·L^{-1}盐酸

（3）矫正措施

对缺磷烟田重点补充磷肥，氮∶磷（N∶P_2O_5）＝1∶3~1∶2。对速效磷水平中等的烟田，磷肥用量可与氮肥用量相当或稍多，氮∶磷（N∶P_2O_5）＝1∶1~1∶1.5。

3）缺钾

（1）症状

烟株生长早期不易观察到缺钾症状，处于潜在性缺钾阶段，此时表现出烟株生长缓慢，植株矮小、瘦弱。缺钾症状通常在烟株生长的中后期表现出来，严重缺钾时，首先在烟株下部老叶上呈现叶色暗绿无光泽，最显著的症状是沿烟叶边缘或叶尖出现淡绿或杂色的斑点，发展下去呈棕褐色或烧焦状。当严重缺钾时，杂色连成一片，且组织死亡，叶边缘及叶尖破碎呈褴褛状，由于叶尖、叶缘先停止生长，而叶肉组织仍继续生长，所以就出现了叶尖向下勾，叶缘下卷，叶面凹凸不平的症状。同时，发病烟株的根系发育不良，根毛及细根生长很差。当烟株生长过快时，在烟株中上部也会出现缺钾症状。

（2）诊断方法

①形态诊断。缺钾典型症状是下部老叶叶尖及边缘黄化变褐色。在氮肥较多的情况下，有时旺长期中部叶片也会出现缺钾症状。

②烟株组织液速测。取病株及无病株中部叶片各5片，用亚硝酸钴钠比浊法进行测定。浸提出组织液后与亚硝酸钴钠作用，生成黄色亚硝酸钴钠沉淀，再加乙醇使沉淀溶解度降低而析出，黄色的沉淀多少与钾浓度呈正相关，详见表39。

表39　组织液中钾素供应状况

钾营养水平	极缺	缺乏	中等	丰富
沉淀量	无~微	少量	中量	大量
浊度、色度	澄清、棕色	稍混、棕黄色	混、黄色	极混、乳黄色

③土壤诊断。测定土壤交换性钾用 1 mol/L 醋酸铵浸提，缓效钾用 1 mol/L 氨气浸提，浸出液用火焰光度计测钾含量，诊断土壤供钾水平，具体指标见表40。

表40　土壤供钾水平

单位：mol/L

测定项目	缺	中等	高
土壤交换性钾	< 80	80 ~ 130	> 130
土壤缓效性钾	< 200	200 ~ 500	> 500

（3）矫正措施

充足供应钾肥。采用合理的施用方法。施钾肥时应适当深施，在砂质土壤上，不宜全部施用钾肥作基肥，而应加大追肥的比例，分次施用，以减少钾的流失。

4）缺锌

（1）症状

缺锌症状发生在生长初期，常表现为植株矮小，节间缩短，顶叶簇生，叶面皱褶，叶片扩展受阻、变小、畸形，新叶脉间失绿呈现失绿条纹或花白叶，并有黄斑出现。严重缺锌时烟株的下部叶片脉间，开始小面积呈水渍状，有时边缘有晕圈，随后水渍痕迅速扩大成不规则的枯褐斑，在枯斑逐渐扩大的同时组织坏死。

（2）诊断

①外形诊断　缺锌典型症状是生长缓慢，植株很小，节间短，叶片小，顶叶簇生，下部叶有大量坏死斑。

②植株诊断　烟株锌含量与锌营养有着密切的关系。将烟叶样品用 500 ℃ 灼烧灰化后，经稀盐酸溶解，然后用原子吸收分光光度法直接测定，当叶片中含锌小于 10 ~ 20 μg/g 时，即表现缺锌。

（3）矫正措施

对土壤供锌营养水平很低的烟田，应补施锌肥，一般以硫酸锌较好。基施为 1 ~ 2 kg/亩，叶面喷施可用 0.1% ~ 0.2% 的硫酸锌水溶液，喷 3 次，每隔 7 d 喷 1 次，若应急矫正，以叶面喷施为宜，浓度 0.1% ~ 0.2%，连续 2 ~ 3 次。由于磷肥对锌离子有拮抗作用，所以不要盲目多施用磷肥，以防磷、锌间的拮抗作用而诱发缺锌。

5）缺硼

（1）症状

缺硼烟株矮小，瘦弱，生长迟缓或停止，生长点坏死，停止向上生长。顶部的幼叶淡绿色，茎部呈灰白，继后幼叶茎部组织发生溃烂，若这些叶片继续生长，则卷曲畸形，叶片肥厚、粗糙、柔软性变差，上部叶片从尖端向茎部作半圆式的卷曲，并且变得硬脆，其主脉或支脉易折断，维管束组织变成深暗色。同时，主根及侧根的生长受抑制，甚至停止生长，使根系呈粗丛枝状，呈黄棕色，最后甚至枯萎。

（2）诊断方法

①外形诊断。由于缺硼时烟株形态、症状多样，较为复杂，重点应注意顶芽组织萎缩死亡，叶片变厚，叶柄变粗，变硬，变脆，蕾、花异常脱落，花粉发育不良等。

②植株诊断。叶片全硼能很好反映烟株内硼的营养状况，烟株全硼测定的方法是先用干灰加水获得提取液，后用姜黄素法测硼。成熟叶片硼含量 $< 15\ \mu g/g$ 时就会感到硼素的不足；在 $20 \sim 100\ \mu g/g$ 之间属于硼丰富而不过量；$> 200\ \mu g/g$ 时，往往会出现硼的毒害。

③土壤诊断。土壤有效硼通常以热溶性硼作为指标，提取的水土比为 $2:1$，在有冷凝回流的装置下煮沸 5 min，滤液用姜黄素比色法测定，土壤有效硼含量与硼营养水平关系见表41。

表41　土壤有效硼含量与硼营养水平

土壤有效硼含量/（$\mu g \cdot g^{-1}$）	硼素营养水平
< 0.25	很低
$0.25 \sim 0.5$	低
$0.5 \sim 1.0$	适量
$1.0 \sim 2.0$	丰富

（3）矫正措施

对缺硼土壤种植的烟草要加施硼肥矫正。用作硼肥的有硼砂、硼酸，一般用量基施为 $0.5 \sim 0.57$ kg/亩，喷施用的浓度为 $0.1\% \sim 0.2\%$，连续 $2 \sim 3$ 次。土壤干燥是导致缺硼的主要因素，遇长期干旱应及时灌水。

6）缺镁

（1）症状

缺镁症状通常在烟株长得较高大，特别在旺长至打顶后，烟株生长较为迅速时才会表现出来，且在砂质土壤或大雨后较易发生。缺镁时，在烟株最下部叶片的尖端和边缘处，以及叶脉间会失去正常绿色，其色度可由淡绿色至近乎白色，随后向叶基部及中央扩展，但叶脉仍保持其正常的绿色。即使在极端缺镁的情况下，当下部叶片已几乎变为白色时，叶片也很少干枯或形成坏死的斑点。

（2）诊断

①外形诊断。缺镁症状易与缺钾、缺铁、生理衰老症状相混淆，需加以区别。缺铁在上部新叶，缺镁在中、下部叶；缺镁褪绿常倾向于白化，缺钾为黄化。由于缺镁症状大多在生长发育后期发生，因而易与生理衰老相混淆，衰老叶片均匀发黄，而缺镁则叶脉绿，叶肉黄白，且在较长时期内保持鲜活不脱落。

②植株诊断。烟株镁含量与镁营养有密切的关系。常规测定采用干燥烟叶后，经硝酸→高氯酸→硫酸消毒，其消煮液再用螯合剂结合滴定或用原子吸收分光光度法测镁全量，当叶片中含镁量小于0.2%时，可能出现缺镁症状。

（3）矫正措施

烟草是需镁较多的作物，在交换性镁含量少的土壤，要及时补充镁肥，一般以硫酸镁为主，用量以含镁量计，用1～1.2 kg/亩作基肥施，若应急矫正，以叶面喷施为宜，浓度0.1%～0.2%，连续2～3次。

由于铵离子对镁有拮抗作用，当大量施用铵态氮肥时，可能诱发缺镁。因此，在缺镁的土壤上最好控制铵态氮肥的施用，而应配合施用硝态氮肥。

第七节　病害绿色防控技术

病害绿色防控技术贯穿整个烤烟生长发育的各个环节中，是一项综合且系统的工作。

一、防治原则

贯彻"预防为主、综合防治"的植保方针，突出预防为重点，搞好预测预报，坚持以农业防治为主，结合化学防治，使用高效低毒低残留农药，积极使用物理方法和生物制剂农药，把损失降低到最低限度，保障优质烟叶的生产，确保烟叶质量安全和环境安全。

二、主要防治对象

炭疽病、猝倒病、烟草病毒病、黑胫病、野火病、气候斑点病、赤星病、青枯病、根结线虫病、白粉病、小地老虎（含蛴螬、金针虫、蝼蛄）等地下害虫，以及蚜虫、烟青虫、斜纹夜蛾。

三、育苗期病虫害综合防治

苗床农事操作前，手和操作工具应用洗衣粉稀释液、肥皂水或二氧化氯稀释液消毒。苗床管理时严禁吸烟；苗床内发现病株应及时拔除，带出育苗区处理。对发病苗盘进行隔离管理，并将苗床内黄叶、烂叶、病叶和修剪下的叶片清理出苗床统一处理。

1. 病毒病

烟草病毒病主要是花叶病，育苗操作过程中要严格进行消毒操作，覆盖尼龙网防止烟蚜传播病毒，在每次剪叶的前一天用防病毒病药剂，如8%宁南霉素水剂稀释1 200～1 800倍液，或东旺毒消、20%吗胍·乙酸铜可溶性粉剂稀释800～1 200倍在苗床喷雾进行预防，发病初期也可用上述方法重点防治使用。

2. 炭疽病

防治此病应注重苗床管理，降低湿度，杜绝病菌来源。同时加强管理，培育壮苗减轻病害，并辅以药剂防治。苗床出苗后，可将硫酸铜、熟石灰、水按1:1:（150～180）的比例兑成波尔多液进行预防，发病后可喷80%代森锌可湿性粉剂稀释500倍，7～10 d喷1次，喷2～3次可控制病害的发展。

3. 猝倒病

烟苗大十字期后，可将硫酸铜、熟石灰、水按1:1:（150～180）的比例兑成波尔多液喷洒进行保护，每7～10 d喷施1次。发病后可用58%甲霜·锰锌粉剂稀释1 000倍液喷雾防治。

四、大田期病虫害综合防治

1. 农业防治方法

病害农业防治方法主要是通过农事操作减轻病害发生，包括合理轮作，种植抗病品种，及时进行品种轮换种植，搞好田间卫生，及时清除田间烟株残体和杂草，减少田间病源。烟叶采收结束后，把烟株残体集中到远离烟田的地方晒干，可用作薪柴或集中压制加工为碳棒用于烤房燃料。农事操作前用肥皂水洗手及清洗农具，不得在烟田吸烟。清除脚叶、打顶等农事操作应遵循先健壮株后病弱株的原则，并选择晴天进行。脚叶、烟花、烟杈应集中在卫生池中销毁。尽量避免伤及根、茎、叶，减少病原细菌自伤口侵入机会。全面推广化学抑芽，减少因手工抹杈所造成的病害传染概率。

2. 虫害农业防治方法

（1）地下害虫

冬深耕，杀伤或冻死土壤中的虫卵、幼虫和蛹（图9）。

图9　地老虎幼虫危害烤烟幼苗

（2）蚜虫

苗床揭膜炼苗当日，在苗床上悬挂银灰色塑料条驱蚜虫。或者在苗床上罩防蚜网避蚜虫，网罩阻隔法使用的纱网不低于22目即可；烟田用黄板诱蚜虫；及时打顶抹杈。

（3）烟青虫

冬耕翻烟田，消灭越冬虫蛹；在烟青虫幼虫危害期，于阴天或晴天清晨到烟田检查烟株心叶、嫩叶，在新鲜虫孔或虫粪附近捕杀；及时打顶抹杈。

（4）斜纹夜蛾

勤查大田，及时摘除斜纹夜蛾卵块与幼虫。

安装太阳能捕虫灯（图10）。

图10　安装太阳能捕虫灯

五、药剂防治方法

1. 大田期主要病害防治

（1）黑胫病

选用 80% 烯酰吗啉水分散粒剂、58% 甲霜·锰锌可湿性粉剂等药剂，在发苗时连同苗盘一同浸根。移栽后隔 10～15 d 或田间发现零星病株时，选用 80% 烯酰吗啉水分散粒剂、58% 甲霜·锰锌可湿性粉剂或 50% 氟吗·乙铝可湿性粉剂，喷施茎基部，共防治 2～3 次，可取得较好的效果。烤烟品种和黑胫病防治药剂要定期更新（图 11）。

图 11　旺长期黑胫病发生表现

（2）野火病及角斑病

早期点片发生时，应及时摘除病叶，并将硫酸铜、熟石灰和水按 1∶1∶160 的比例兑成波尔多液喷洒。团棵期、旺长期和烟株封顶后及时用 72% 硫酸链霉素或 20% 噻菌铜悬浮剂 100～130 g/亩，稀释后在叶面喷雾 2～3 次，每次间隔 7～10 d（图 12）。

图 12　角斑病发生表现

（3）气候斑点病

当田间病叶率达16%时，选用80%代森锌可湿性粉剂稀释600倍液等推荐使用的杀菌剂或3%～5%磷酸二氢钾溶液在叶面喷雾1次。对病叶率超过30%的重病烟田，可将80%代森锌可湿性粉剂稀释600倍液等推荐使用的杀菌剂与3%～5%磷酸二氢钾溶液混合摇匀，叶面喷雾1次或2次，每次间隔7～10 d（图13）。

图13　气候性斑点病叶片

（4）赤星病

使用的药剂为3%多抗霉素可湿性粉剂稀释400～600倍液，一般药剂防治在脚叶采收后发病初期，喷叶面第1次，以后每隔10～15 d喷1次，共喷1次或2次。推荐使用波尔多液进行赤星病预防。早打脚叶和保持田间通风透光可减轻病害发生（图14）。

图14　赤星病发生表现

（5）青枯病

在病史烟区，避免种植感病品种，当田间发现病株时，及时清除病株病叶，并用72%硫酸链霉素可溶粉剂稀释4 000倍液及其他推荐使用的杀菌剂，叶面喷雾1次，或用20%噻菌铜悬浮剂100~130 g∕亩稀释后喷雾。烟株打顶后，用沾有72%硫酸链霉素可溶粉剂稀释4 000倍液等推荐使用的杀菌剂的棉棍涂抹伤口（50 mL∕株），或用50%氯溴氰尿酸溶粉剂60~80 g∕亩稀释喷雾。

（6）根结线虫病

病田应实行三年轮作制，一般以禾本科作物轮作，不得与茄科蔬菜轮作。移栽时，穴施用0.5%阿维菌素颗粒剂预防，移栽后30 d左右揭膜上厢，选用25%阿维·丁硫水乳剂等兑水灌根（图15）。

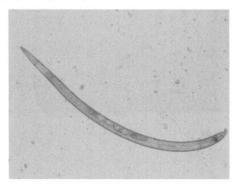

图15　根结线虫在电子显微镜下的图片

（7）白粉病

白粉病主要发生在中下部叶片，6月底7月初开始发病。施氮过多，植烟密度过大容易导致发病。注意排水，早打脚叶。发病初期用36%甲基硫菌灵悬浮剂稀释800~1 000倍液、12.5%腈菌唑微乳剂稀释1 500~2 000倍液等药剂喷施，重喷中下部叶片叶背。每隔5~7 d喷药1次，连续2次或3次，便可控制病害蔓延（图16）。

图16　烟草染病后，烟株皱缩，植株矮小

2. 大田期主要虫害防治

地下害虫使用25%高效氯氟氰菊酯乳油稀释2 000倍液或50%辛硫磷稀释1 000倍液穴浇，及其他推荐使用的杀虫剂进行毒饵诱杀。

（1）蚜虫

药剂防治可选用啶虫脒、吡虫啉、噻虫嗪等。对单株平均蚜虫量不超过50只/株的烟田，选用推荐药剂叶面喷雾1次。对单株平均蚜虫量超过50只/株的烟田，选用上述药剂烟叶喷雾2次或3次，每次间隔15～20 d（图17）。

图17 蚜虫危害烟叶表现

（2）烟青虫

防治关键时期在团棵期左右，此时为烟青虫幼虫三龄，喷药时只喷施上部嫩叶。第一次喷药后，根据虫情决定喷药次数。推荐农药烟碱乳油、苦参碱、灭多威、高效氯氟氰菊酯等。三龄后进行人工捕杀。

（3）斜纹夜蛾

勤查大田，根据虫情，掌握在斜纹夜蛾幼虫分散危害以前，即3龄幼虫前，对烟株中下部叶、地面进行喷雾，叶片正反两面喷药应均匀周到。推荐农药为苦参碱、高效氯氰菊酯、高氯·甲维盐微乳剂等。

3. 其他防治方法

物理和生物防治。地下害虫使用性诱剂或食诱剂诱杀成虫；饲养及释放蚜茧蜂防治蚜虫；保护和利用天敌，在烟青虫卵期释放拟澳洲赤眼蜂。在成虫产卵盛期，

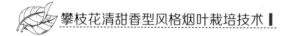
幼虫初孵期每公顷用苏云金杆菌乳剂（1×10^{10} 活芽孢/mL）750 g 加水 750 L 的溶液喷雾。使用性诱剂或食诱剂诱杀斜纹夜蛾成虫。

第八节　烟叶田间管理技术

烤烟大田管理的目标是"十无一度"，即无杂草、无积水、无烟花、无烟杈、无病株、无弱株、无缺株、无缺肥、无脱肥、无板结，提高烤烟群体整齐度。

一、田间操作

1. 查苗、揭膜

1）补种

移栽后 3 ~ 5 d，应对缺穴苗、断垄苗、死苗、病苗、老苗、弱苗及时补栽同一品种的预备苗，并偏重管理。

2）揭膜

（1）揭膜时间

①地温。要求 15 cm 以下地表温度晴天稳定在 25 ℃以上。

②烟株长势。烟株移栽后 30 ~ 35 d，烟株达到团棵开始进入旺长，株高 20 ~ 25 cm，叶片数 10 ~ 12 片。

③节令。在雨季来临之前揭膜。

（2）揭膜方法

在烟株长到团棵期前后揭膜，揭膜时每一垄的膜要顺垄向从中间划开，从两侧揭除农膜。

2. 中耕

烟田中耕的时期、次数和深度，主要根据烟草的生育时期、气候条件和栽培条件而定。

（1）还苗期中耕

还苗期中耕以保墒保苗，清除杂草为主要目的。此期烟株幼小，根系尚未扩展，中耕宜浅，尤其烟株间中耕更不能深，宜浅锄，碎锄，破除板结。近根处划破地皮即可，切忌伤根或触动烟株，离烟株稍远处可略深，行间以深 2 ~ 5 cm 为宜。中耕质量要求烟株周围不留旱滩，不露缝，不动根，不盖苗。

（2）伸根期中耕

伸根期中耕以保墒促根，防除杂草为主要目的。可在移栽后 15～20 d 内进行深中耕，要锄深、锄透、锄匀。自烟株起，由近而远，由浅而深。对每株烟要做到"近 4 锄，远 4 锄，八面见锄。后锄盖前锄"，锄后土层要翻身。中耕深度，烟株周围 6～7 cm，行间 10～14 cm。

（3）团棵后

团棵以后，气温较高，雨水较多，烟株耗水量增大，而且烟棵也较大，不宜深中耕。可根据实际情况进行浅锄培土，除草保墒，中耕深度不宜超过 6～7 cm。

总之，烟田中耕是一项重要而又灵活性较强的措施，必须因时因地灵活掌握。中耕应在烟株旺长以前进行，要求栽后锄，有草锄，雨后锄，浇后锄，中耕的深度应以先浅后深，再浅和行间深，两边浅为宜。

3. 培土

（1）适时

在栽后 30 d 内开展，揭膜时同步进行。

（2）培高

培土的高度，通常以垄高 30～35 cm 为宜，地下水位高、雨水多、风力大的地区，可适当增高，沙土宜适当降低。培土太低，起不到抗旱、防涝、防倒伏的目的。培土太高，易伤下部叶片，影响烟叶产量。

（3）饱满

培土要填实饱满，使土壤与烟株基部之间密切接触，并在土壤干湿度适宜时进行，以利于烟草根系的发生与生长，同时应尽量避免对根茎的伤害，减少病原物对伤口的侵入。

（4）直平

培土后要求垄直、沟平，以利于烟田排水和灌溉。

4. 打顶

根据烟叶品种、烟株长势、烟田（地）肥力、施肥量等因素，合理留叶，保证上部叶开片，确保烤烟株型不变，消除塔形，避免伞形，保持筒形。

（1）打顶的相关要求

打顶要适时，打顶过早，留叶过少，产量过低，则上部叶大而厚，株型成伞状，不但上部叶品质下降，中部叶也会因为顶叶的遮蔽而降低品质。打顶过晚，留叶过多，顶叶瘦小，烟株成尖塔形，同样降低产量和品质。

留叶要适当，留叶过多或过少都会影响烟叶产量和质量。施肥多，烟株长势旺盛的烟田，打顶应较高，适当多留叶；反之应低打顶，少留叶，提高烟叶质量。同时顶叶要能充分扩展，略小于腰叶。因早花造成叶片数不足的，可采取培育烟杈的方式增加叶片数。

打顶要根据品种和地力不同而灵活掌握，多叶形品种打顶要狠，少叶形打顶要轻；地力薄，打顶要狠；地力壮，打顶要轻。

总之，打顶要根据烟株长势、烟田肥力等实际情况具体决定采用哪种方式（图18）。

图18　打顶顶端离顶叶2~3 cm

（2）打顶方式

①扣心打顶。烟株花蕾还包在顶端小叶内时就实施打顶。适用于烟株长势较差、高寒烟区的烟地。

②现蕾打顶。烟株花蕾已能与嫩叶明显分清，在此时将花蕾、花梗连同2~3片小叶，也称花叶，一并摘去。适用于对土壤肥力较差，烟株长势较差的烟地。

③初花打顶。烟株花序伸长高出顶叶，中心花已开放时，将花轴、花序连同小叶一并摘去。适用于烟株长势正常，群体结构合理，烟叶产量适中的烟地。

④盛花打顶。在烟株花已大量开放时打顶。适用于长势较旺的烟地，特别烟田宜采取盛花打顶。

⑤两次打顶。同一烟田，烟株生长整齐一致的要一次性全部打顶，生长不齐的烟田分两次打顶。第一次于田块中50%左右烟株达到打顶期时进行，第二次于包括

已打顶的植株75%左右烟株达到打顶期时进行，第二次全部打完。两次打顶间隔时间一般4～7 d，尽量调控烟株高矮、大小和烟叶成熟度整齐一致。

（3）打顶注意事项

打顶应在晴朗天气的上午或叶片上的露水干后进行，有利于烟株伤口愈合，避免伤口被感染和病菌侵入，从而引发病害。

田间有病株时，先打健康株后打病株，避免病害传播。

打下的烟花烟芽等残体要及时带出烟田集中处理，不能随便处理在烟田地旁，以免传染病害。

所留花梗与顶叶平齐或略高，以免伤口离顶叶太近，影响顶叶生长。

5. 化学抑芽

打顶时，要摘除所有长于3 cm的腋芽，打顶24 h内使用化学抑芽剂，用杯淋法或毛笔涂抹法抑芽。

（1）抑芽剂种类及使用方法

触杀剂以脂肪醇为主，代表产品有正辛醇。按照抑芽剂使用说明合理施用，施用方法主要为涂抹法和杯淋法，药效期一般在7 d。

内吸剂以马来酰肼（MH）为主，代表产品有MH的钾盐。按照抑芽剂使用说明合理施用，施用方法为喷施，药效期长达20 d以上。

局部内吸剂以二硝基苯胺类化合物为主，代表产品有止芽素36%乳油。按照抑芽剂使用说明合理施用。采用杯淋法时，对倾斜的烟株需要扶正后再淋药，以提高抑芽效果。

（2）抑芽剂使用注意事项

施药前应全面了解抑芽剂的种类、注意特点、适宜施药方法、使用浓度比，以及各种注意事项，规范操作才能达到最佳效果。

化学抑芽用药前先将大于2 cm的烟杈抹掉，以早抹为宜。抹杈施药最好采取流程作业方式，一人在前抹芽，一人在后施药，以免因抹芽时间过长（1 d以上），导致去芽部位造成的伤口被病菌入侵。

抑芽剂原液按安全使用浓度兑水稀释后施药，在施药时要让药液从打顶处向下淋，使药液沿茎而下，关键是使药液能沿主茎流至最下一个叶腋，未流到的腋芽应及时补上，以便达到100%抑芽率。用药后出现的卷曲畸形腋芽不应人工摘除，以免影响施药效果或再长新腋芽。

施药时最好选在晴天无风的上午或晚上，此时烟株生长活动旺盛，吸收率高，效果好；处于干旱条件下的烟株，因吸收能力减弱，也会影响抑芽效果；尽量避免雨后或露水未干时用药，如施药后 8 h 内降水，就必须重新喷药，否则抑芽效果会降低。

烟草抑芽剂对人畜眼睛、口鼻、皮肤等有刺激作用，如不慎接触应用大量清水冲洗干净；如不慎误服，应立即送医院诊治，切勿催吐；平时应置于阴凉通风之处，远离儿童、食品、火源等。

施药时要防止药液飞溅，污染烟株叶片，以防灼炙斑点、烘烤黑洞等导致烟叶品质下降。同时为减少烟叶中抑芽剂的残留量，施药后 7～10 d 内禁止采收。

二、田间卫生

田间管理各项农事操作应遵循先健壮株后病弱株的原则，避免人为传染。

田间管理摘除的烟花、烟杈应及时集中清理出烟田，集中放入卫生坑，统一进行处理。

黄烂脚叶及沟中杂草应及时清除，增强烟株的通风透光，防止底烘及根茎病的暴发和流行。

三、不适用烟叶的处理

1. 不适用烟叶的界定

（1）不适用底脚叶

正常封顶留叶后，清除烟株底部光照不足、发育不良、叶片轻薄的 2 片烟叶及长度小于 40 cm 的下部叶，不含揭膜上厢打掉的叶片。

（2）不适用顶叶

上部不适用烟叶分两类，一类为田间发育过度，叶片过厚、僵硬，难烘烤，易挂灰，烤后品质较差的上部叶片；一类为发育不良，开片不足，长度小于 40 cm 的上部叶片。

2. 不适用烟叶的摘除与销毁

（1）摘除时间

不适用的底脚叶可在封顶后 10 d 左右完成摘除、销毁。不适用的顶叶在上部 4～6 片烟叶充分成熟采烤时，统一摘除销毁。

（2）技术要求

摘除不适用烟叶时，要选择晴天或阴天无露水时进行，以利于伤口愈合。为避免病害的传播，要先摘除健壮烟株的烟叶，后摘除病株的烟叶。底脚叶摘除后，及时喷施一次杀菌防病药剂，防止病害发生。

3. 不适用烟叶的处理方式

对于连片规模大、集中度高的不适用烟叶，可采取集中堆沤有机肥或沤入水稻田的方法。

对于连片规模小、分散、运输不方便的山地烟，可以在就近的荒山、林地或果园填埋。

对于有条件的地区，可将不适用烟叶作为沼气原料等加以利用。

四、灌溉排水

应遵循烟草需水规律，充分利用水资源对烟草进行合理灌溉。移栽时必须浇足定根水，还苗期要注意保持根土的湿润，伸根期和成熟期保持适量的土壤持水量，旺长期要保持充足的土壤持水量。

烟田灌水应注意水肥结合，提高水肥利用率。

推行节水灌溉技术和精准灌溉技术，节约用水。

雨季做好田间清沟沥水，防止田间积水。

烤烟栽种季节，坝区必须有水可供灌溉烟苗，山区必须有水可供浇灌烟苗。

第九节　烟叶成熟采烤技术

一、采收成熟度的划分及相关规定

叶龄是指烟叶自发苗（长 2 cm 左右，宽 0.5 cm 左右）到成熟采收时的天数。采收成熟度指采摘时烟叶生长发育、内在物质积累与转化达到的成熟程度和状态。鲜烟叶的成熟度分为欠熟、尚熟、成熟、完熟、过熟和假熟。

1. 欠熟

烟叶尚处于生长发育阶段，不完全具备成熟特征。烟叶主色调为绿色，叶面呈绿色或深绿色，烟叶生长发育未完成，干物质积累尚不充分。

2. 尚熟

烟叶基本完成了生长转化过程，已部分具备较多可辨认的成熟特征。烟叶主色调为绿色或浅绿色，叶面呈浅绿色，叶尖和叶缘开始褪绿，烟叶生长发育完成生理成熟，干物质积累达最高值。

3. 成熟

烟叶生长发育和干物质转化适当，具备明显可辨认的成熟特征。叶面呈黄绿色，烟叶生长发育完成，干物质积累充分，内在化合物开始向有利于提高烟叶质量的方向转化，成熟特征体现出来。烟株分层落黄，主脉发白，下部烟叶显现绿黄，中部烟叶有不明显成熟黄斑，上部烟叶有明显成块突起黄斑（图19）。

图19　中部烟叶推荐采收标准为"适熟"

4. 完熟

营养充足、发育良好的上部烟叶在成熟之后会进一步进行内部物质转化，叶面出现较多成熟斑，有时还伴随赤星病的斑块。叶面呈黄色，烟叶内在化合物进一步分解转化，积累的干物质开始降低。中上部烟叶主脉发白、发亮，中部烟叶有成熟黄斑，上部烟叶有明显成块黄斑、白斑突起（图20）。

图20　下部烟叶"完熟"标准采烤后烟叶表现

5. 过熟

烟叶生长发育超过成熟的要求，转化消耗的干物质过多。主色调为黄色，叶面呈黄色或白色，烟叶内在化合物分解消耗过度，叶片变薄，叶色变白。

6. 假熟

由于各种因素，如营养不良、光照不足、气候严重干旱或涝渍等的影响，烟叶生长发育不充分，烟叶在没有真正达到成熟之前就表现出外观上的黄化。

二、烘烤

田间成熟采收的鲜烟叶，以一定的方式放置在特定的加工设备（通常称为烤房）内，人为创造适宜的温湿度环境条件，使烟叶颜色由绿变黄并不断脱水干燥，实现烟叶烤黄、烤干、烤香的全过程。烘烤通常分为变黄阶段、定色阶段、干筋阶段。

1. 烤房

（1）普通烤房

烤烟生产中烘烤加工烟叶的专用设备。包括各种建筑材料与结构、热源与供热形式、进风洞和天窗形式的自然通风气流上升式烤房，自然通风气流下降式烤房，以及有机械辅助通风、热风循环和温湿度自控或半自控装置的烤房。

（2）密集式烤房

烤烟生产中密集烘烤加工烟叶的专用设备，一般由装烟室、热风室、供热系统设备、通风排湿和热风循环系统设备、温湿度控制系统设备等部分组成。基本特征是装烟密度较大，通常为普通烤房装烟密度的 2 倍以上，使用风机进行强制通风，热风循环，实行温湿度自动控制。

（3）普改密烤房

对自然通风气流上升式普通烤房进行改建变为密集烤房烘烤烟叶，与普通烤房相比，采用了风机、温湿度自动控制等烘烤设备，烤房内空气循环由自然通风变为智能化烘烤、强制通风，热风循环更加有利于烟叶烘烤。

（4）烘烤温湿度自控仪

烘烤温湿度自控仪是用于检测、显示和调控烟叶烘烤过程工艺条件的专用设备。通过对烧火供热和通风排湿的调控，实现烘烤温湿度自动调控。烘烤温湿度自控仪由温度和湿度传感器、主机、执行器等组成，在主机内设置有烘烤专家曲线和自设曲线，并有在线调节功能和断电延续功能。

2. 烟叶变化

指烟叶在烘烤过程中外观出现的颜色变黄程度和形状失水干燥程度，以及相应的内含物的化学变化。

（1）变黄程度

烟叶变黄整体状态的感官反应，以烟叶变为黄色的面积占总面积的比例，即"几成黄"表示。通常涉及应用到的有四种程度。

①五至六成黄。叶尖部、叶边缘变黄，叶中部开始变黄，叶面整体50% ~60%变黄。

②七至八成黄。叶尖部、叶边缘和叶中部变黄，叶基部、主支脉及其两侧为绿色，叶面整体70% ~80%变黄。

③九成黄。黄片青筋叶基部微带青，或称基本全黄，叶面整体90%左右变黄。

④十成黄。烟叶呈黄片黄筋。

（2）干燥程度

烟叶含水量的减少反映在其外观上的干燥状态，通常表现为叶片变软、充分凋萎塌架、主脉变软、勾尖卷边、小卷筒、大卷筒、干筋。

①叶片变软，烟叶失水量相当于鲜烟叶含水量的20%左右。烟叶主脉两侧的叶肉和支脉均已变软，但主脉仍呈膨硬状，用手指夹住主脉两面一折即断，并听到清脆的断裂声。

②主脉变软，烟叶失水量相当于烤前含水量的30% ~35%。烟叶失水达到充分凋萎，手摸叶片具有丝绸般柔感，主脉变软变韧，不易折断。

③勾尖卷边，烟叶失水量相当于鲜烟叶含水量的40%左右。叶缘自然向正面反卷，叶尖明显向上勾起。

④小卷筒，烟叶失水量为鲜烟叶含水量的50% ~60%。烟叶约有一半以上面积达到干燥发硬程度，叶片两侧向正面卷曲。

⑤大卷筒，烟叶的失水量相当于鲜烟叶含水量的70% ~80%。叶片基本全干，更加卷缩，主脉50% ~60%未干燥。

⑥干筋，烟叶主脉水分基本被排除，此时叶片含水量为5% ~6%，叶脉含水量为7% ~8%。

（3）特殊烟叶类型

特殊烟叶类型主要有6种。

①干旱烟。指长时间干旱或少雨条件下产生的含水量少的成熟烟叶。

②旱黄烟。指长时间干旱造成的假熟叶。

③雨淋烟和含水量大的烟叶。指大雨后采收的烟叶和含有较多水分的烟叶。

④返青烟。指烟叶变黄，遭受大雨淋后又返青的烟叶。

⑤老黑暴烟。指在土壤肥沃或肥水供应多、强光照条件下形成的上部烟叶。

⑥嫩黑暴烟。指在高水肥、高密度、养分不均衡、氮素过多的条件下形成的下部烟叶。

三、烟叶成熟特征

1. 下部叶

烟叶基本色为绿色，稍微显现落黄，茸毛部分脱落，采摘声音清脆、断面整齐、不带茎皮。叶龄 50～60 d。

2. 中部叶

烟叶基本色为黄绿色，叶面 70% 以上落黄，主脉发白，支脉 50% 发白，叶尖、叶缘呈黄色，叶面时有黄色成熟斑，茎叶角度增大。叶龄 60～70 d。由于施肥过量或气候干旱、降水过多，烟叶成熟过程不正常，应参考叶龄采收。

3. 上部叶

烟叶基本色为黄色，叶耳变黄，叶面充分落黄、发皱、成熟斑明显，主脉发亮，支脉变白，叶尖下垂，叶边缘曲皱，茎叶角度明显增大。叶龄 70～90 d。

四、烟叶采收

1. 采收原则

按照"多熟多采、少熟少采、不熟不采"的原则，下部烟叶尚熟采收，中部烟叶成熟采收，上部烟叶充分成熟采收。

推行"两停一烤"采烤制，即下部叶（下二棚叶）采烤完，停烤 7～10 d，再采中部烟叶，中部烟叶采烤完，停烤 10～15 d，再开始采上部烟叶。

实行"上部 4～6 片烟叶充分成熟，一次性采（砍）烤"，即中部烟叶采烤结束后，停烤足够时间，养好上部烟叶成熟度，采取上部 4～6 片烟叶，一次性采收或者砍收。

2. 采收时间

一般烟株打顶后 7~10 d，即可依据成熟标准开始采收。晴天宜在上午 6~9 时采收，旱天宜采露水烟，多云、阴天整天均可采收。雨天宜在雨停后采收。若遇长时间降水，田间烟叶出现返青，待重新落黄后再采收。

3. 采收叶数

对于生长整齐、成熟一致的烟田，每次每株采 2~3 片叶；对于烟叶成熟不一致的烟田，应按部位选择成熟一致的烟叶采收；对于顶部 4~6 片叶充分成熟的烟叶，应一次性采摘或一次性带茎采烤。

4. 采收要求

（1）采收时

应在当天完成采摘、编竿、装炕、开烤。田间采收烟叶后，应及时装筐或装车运回，堆放整齐，将烟叶叶柄向外，叶尖向内堆放在凉棚内，避免日晒，等待编竿。详见图 21、图 22 所示。

图 21　烘烤后的中部适熟烟叶

图 22　标准采收的上部烟叶

（2）采收中

要避免叶片损伤、日晒，做到轻摆放、轻装卸、防挤压、遮阴堆放。若采收含水量较小的烟叶，可在采摘后及时进行喷水处理，以减少青痕和青片现象，并且能有效保障烟叶烘烤变黄；采收烟叶时需佩戴手套，以减少烟叶机械损伤，降低烤后烟叶青痕较多的情况（图23）。

图23　鲜烟叶码放整齐，避免太阳光直射

5. 采收方法

用食指和中指托着叶柄基部，拇指放在柄上，向下压，采摘烟叶。

6. 采后堆放

烟叶采后放置在荫凉处，叶尖向内、叶基向外排放，平放堆放的高度在30 cm左右，避免挤压、摩擦、日晒和热烫伤，不损伤和搅乱烟叶的堆放层次。

五、特殊烟采收

1. 假熟烟

降水多造成烟株脱肥导致的假熟叶，若是下部烟叶，因干物质含量少，应采收，若是中、上部烟叶，可待叶脉变白达到成熟时再采收。天气干旱导致的假熟烟叶，要设法浇水，使烟叶得到水分后仍可继续生长，由黄转绿。如果确实无浇灌条件，可待叶脉变白成熟后采收。

2. 病残烟

若病斑不穿孔或不再扩大，要等成熟后再进行采收；反之要结合生产实际及时采收。

3. 干旱烟和旱天烟

若有水源，应及时补水，等真正成熟时采收；若无水源，应尽可能推迟采收，

等待降水；若烟叶已出现枯尖焦边，应及时采收，免得造成更大损失。

4. 雨淋烟和含水量大的烟叶

下二棚叶片大而薄，含水量大，一般绿中带黄，应适当早收，注意不采露水烟。

5. 返青烟

最好等成熟后再采收，若天气阴雨连绵、放晴无望，应及时采收。

6. 老黑暴烟

烟叶绿中泛黄，叶尖明显呈现黄色，叶面起黄斑，只要烟叶在田间不变坏，就不要急于采收，待其增加成熟度。

7. 嫩黑暴烟

一般叶片稍显黄色，即可采收。

六、烤房温度、湿度监测

1. 温度计的要求

（1）气流上升式烤房

主控温度计及主控感温探头挂置在烤房内底层烟叶环境中，探头与叶尖平齐，辅助温度计及辅助探头线挂在往上数第三层，挂置方式相同。

（2）气流下降式烤房

主控温度计及主控感温探头挂置在烤房内顶层烟叶环境中，辅助温度计及辅助探头线挂在往下数第三层，挂置方式相同。

（3）烤烟温湿度监控仪

自控仪要按照其说明书安装使用。用烤烟温湿度控制仪实施烘烤操作中，当烟叶变化程度与烘烤工艺对应的温湿度要求有偏差时，要及时对温湿度进行在线调节。

七、烧煤技术

1. 原则

烧火应看烟叶变化，看炕内温度和湿度，看烤房状况，看煤质特点，灵活、准确地进行。

2. 点火

生火前使用炉渣盖严炉条65%面积，只留前面35%面积，在炉条上铺点柴草，上压适量小煤块,关闭火门后从炉条下面点火。

3. 加煤

加煤的要点是"看、勤、快、薄、匀"。拨火剔渣,拨火时应尽量平稳,只在燃烧层以上进行,剔渣应"勤剔轻顶、剔暗不剔明",只剔炉渣层。

4. 火的控制

要求做到"小火一点红,中火半条龙,大火满堂明"。

5. 火力控制

通过加煤、开启火门、开启助燃风机等措施完成。

八、正常烟叶烘烤

1. 烟叶烘烤原则

根据田间烟叶的生长发育状况、所采鲜烟叶的质量特点及其在烘烤中的变化,灵活进行各项控制操作,具体概括为"四看四定"和"四严四灵活"。

(1)四看四定

①看鲜烟叶素质,定烘烤方案。

②看烟叶变化,定干湿球温度。

③看干湿球温度,定烧火大小。

④看烟叶变黄与干燥程度,定排湿多少。

(2)四严四灵活

①判断鲜烟叶质量要严,制定实施烘烤方案要灵活。

②烟叶变化标准掌握要严,烘烤过程中温度和湿度的调整要灵活。

③确保各时期适宜的温度要严,烧火大小要灵活。

④掌握烟叶变黄与干燥协调标准要严,湿球温度和进风门开关要灵活。

2. 烘烤技术

(1)变黄阶段

①技术关键。变黄阶段是提高烟叶质量的重要阶段,技术关键是稳住温度、调整湿度、控制烧火大小、延长烘烤时间,使烟叶变黄变软。促进烟叶内含物质充分转化,并使烟叶适量失水,确保烟叶变黄与失水协调。

②烟叶变化要求。在下部烟叶变黄程度达八成黄;中、上部烟叶变黄程度九至十成黄,且凋萎塌架,主脉变软。

③干球温度和湿球温度控制。装烟后关严进风口（地洞）、排湿口（天窗）和门窗。烧"小火"将烤房温度提高到36 ℃，保持湿球温度33～34 ℃，至叶尖变黄5 cm左右。然后以每2 h升高1 ℃的升温速度将干球温度升至38 ℃，稳温延长时间，干湿差控制在1～2 ℃，使烤房内80%左右的烟叶达到七至八成黄，同时叶片发软，失水量在30%左右。再以1 ℃／（2～3）h的升温速度升温至42 ℃，保持湿球温度在36～37 ℃，拉长时间（12 h以上），使高温层烟叶达到黄片青筋微带青、凋萎塌架、主脉发软折不断的状态，部分烟叶钩尖卷边后转火。

④风机操作。装烟后风机先高速单相2 900 r/min或三相1 450 r/min运转2～4 h，然后低速单相1 450 r/min、三相560 r/min或960 r/min连续运转。烘烤水分过大的烟叶时，装烟后低速单相电机1 450 r/min、三相电机560 r/min或960 r/min运转风机8～12 h，之后点火，在2～3 h内升温至40 ℃，保持稳定，湿球温度保持在36～38 ℃，当烟层明显发热后高速单相电机2 900 r/min或三相电机1 450 r/min运转风机，先排除一定水分后再继续烘烤。

烤房湿球温度过低时，及时给烤房内地面洒水补湿；湿球温度高于要求标准时，要及时开启排湿口排湿。

⑤注意事项。操作过程中注意升温要稳，当温度即将达到目标值时要提前1～2 ℃封火稳温。重视稳温、保湿、变黄，提高烟叶变黄程度，既要防止烟叶脱水过快，导致烟叶变黄不完全，出现变青；又要防止烟叶不脱水出现变硬、变黄，导致烟叶烤糟、烤黑。当烤房内湿度太低时，应严格保湿，必要时可在烤房地面上泼水增湿。烟叶变化没有达到要求，不能急于升温。

（2）定色阶段

①技术关键。定色阶段是决定烟叶质量的关键阶段。技术关键是把烟叶已经变黄的色泽和优良品质性状及时固定下来，必须及时升温排湿，排除烟叶水分，停止烟叶细胞的生命活力，防止多酚氧化酶的氧化作用导致黄色变褐。因此，加强排湿，确保烟叶已变黄的色泽固定下来和残留的青色消失变黄是定色阶段的技术关键。

②烟叶变化控制。50 ℃以前使烟叶达到黄片黄筋小卷筒，54 ℃稳温到烟叶大卷筒。

③干球温度和湿球温度控制。稳住湿球温度，升高干球温度，稳定加大烧火，逐步

加强排湿。当烟叶变黄达到要求时，及时转火进入定色阶段。首先以 1 ℃/（2~3）h 的升温速度升温到 49 ℃，此时下部叶区域温度为 45~46 ℃，中部叶区域 46~48 ℃，上部叶区域 47~49 ℃。保持湿球温度稳定在 37~38 ℃，使烟叶烟筋变黄，达到黄片黄筋，失水达到小卷筒。然后再以 1 ℃/（1~2）h 的升温速度将干球温度升至 55 ℃，湿球温度稳定在 37~39 ℃，稳定温度 8~12 h，使全炉烟叶达到叶片全干大卷筒。

④风机操作。密集式烤房风机单相电机 2 900 r/min，三相电机 1 450 r/min 连续高速运转，当各层的叶片已基本干燥后，可转为单相电机 1 450 r/min，三相电机 560 r/min 或 960 r/min 低速运转。

⑤注意事项。此期必须做到烧火要稳，升温要准，不能猛升温，防止烟叶青筋浮青或叶片回青；更不能降温，防止产生挂灰等情况；加强排湿，防止出现高温高湿导致烟叶蒸片、黑糟；湿球温度要保持稳定，防止湿球忽高忽低，使烟叶颜色发暗不鲜亮。

（3）干筋阶段

①技术关键。干筋阶段主要是排除烟筋水分，实现烟叶全部干燥。防止干湿球温度过高，出现烟叶烤红。技术关键是控制干球温度，限制湿度，逐渐减少通风，适时停火，确保烟叶干筋，减少香气物质挥发损失。

②烟叶变化要求。烤房内全部烟叶主脉干燥。

③干球温度和湿球温度控制。完成定色阶段的目标后，加大火，以 1 ℃/h 的升温速度将干球温度逐渐升到 68 ℃，直到烟叶完全干燥。在干球温度达到 60 ℃以前，保持湿球温度在 39~40 ℃；60 ℃以后逐渐关小进气口和排湿口，减小通风量，保持湿球温度在 40~42 ℃。在烤房中部仅个别烟叶主脉有 3~5 cm 未干时可以停止烧火，干球温度下降到 60 ℃后，关闭进气口和排湿口，完成烘烤任务。

④风机操作。当密集式烤房烟叶叶片全部干燥或温度达到 60 ℃后，风机由单相电机 2 900 r/min 或三相电机 1 450 r/min 的高速变至单相电机 1 450 r/min、三相电机 560 r/min 或 960 r/min 低速连续运转，直至烘烤结束。

⑤注意事项。干球温度最高不超过 68 ℃，防止香气物质过多挥发而降低内在质量。湿球温度不能超过 42 ℃，防止烤红烟。升温要稳要准，不能忽高忽低，防止掉温引起阴筋、阴片。停火不宜过早，以防湿筋湿片。

3. 各部位烟叶烘烤技术

下部烟叶烘烤 5~6 d。烘烤特性是烟叶内含物质较少，含水量较多，易烤糟，应稀编烟、稀装炕。详见表42。

表42 攀枝花烟叶密集烘烤下部烟叶5~6 d工艺表

时期	操作						
	升温速度 / (℃·h⁻¹)	温度/℃	湿度/°	变黄程度	干燥程度	稳温时间（下部）/h	工艺目标
变黄期	1	35~36	34~35	五至六成黄	叶尖发软	5~6	大分子物质分解转化，形成香气原始物质
	1	38~39	36~37	七至八成黄	叶片变软	16~20	
	1	41~42	36~37	九至十成黄	主脉变软	18~20	
定色期	1	45~46	36~37	主脉变白	叶片半干	10~12	香气原始物质缩合形成致香物质
	1	54~55	38~40	主脉变褐	叶片全干	6~8	
干筋期	1	60~62	40~41	主脉变紫	主脉半干	6~8	控制干筋期最高温度，减少香气成分分解
	1	65~66	41~42	大筋发紫	主脉干燥	4~6	

中部烟叶烘烤7 d左右。烘烤特性是内含物质较为适宜，含水量适宜，易烘烤出高质量的烟叶。详见表43。

表43 攀枝花烟叶密集烘烤中部烟叶7 d工艺表

时期	操作						
	升温速度 / (℃·h⁻¹)	温度/℃	湿度/°	变黄程度	干燥程度	稳温时间（下部）/h	工艺目标
变黄期	1	35~36	34~35	五至六成黄	叶尖发软	7~8	大分子物质分解转化，形成香气原始物质
	1	38	36~37	八至九成黄	叶片变软	24~28	
	1	41~42	36~37	九至十成黄	主脉变软	26~28	
定色期	1	46~48	37~38	主脉变白	叶片半干	14~16	香气原始物质缩合形成致香物质
	1	54~55	38~40	主脉变褐	叶片全干	12~16	
干筋期	1	60~61	40~41	主脉变紫	主脉半干	6~8	控制干筋期最高温度，减少香气成分分解
	1	65~67	41~42	主脉发紫	主脉干燥	10~12	

上部烟叶烘烤7~8 d。烘烤特性是烟叶内含物质丰富，含水量较少，易烤青和挂灰，编烟应密一些。详见表44。

表44　攀枝花烟叶密集烘烤上部烟叶7~8 d工艺表

时期	操作						
	升温速度/（℃·h⁻¹）	温度/℃	湿度/°	变黄程度	干燥程度	稳温时间（下部）/h	工艺目标
变黄期	1	35~36	34~35	五至六成黄	叶尖发软	10~12	大分子物质分解转化，形成香气原始物质
	1	38	36~37	八至九成黄	叶片变软	30~32	
	1	41~42	36~37	九至十成黄	主脉变软	30~32	
定色期	1	46~48	37~38	主脉变白	叶片半干	18~20	香气原始物质缩合形成致香物质
	1	54~55	38~40	主脉变褐	叶片全干	14~16	
干筋期	1	60~61	40~41	主脉变紫	主脉半干	10~11	控制干筋期最高温度，减少香气成分分解
	1	65~67	41~42	主脉发紫	主脉干燥	12~14	

4. 烟叶回潮

烟叶主脉全干后，停火，打开烤房门窗，使烤房内烟叶回潮，回潮程度达到叶片不碎，主脉不易折断，即可下炕。当烤房温度降至40 ℃以下时，可开启风机利用风机进行回潮。

5. 特殊烟叶烘烤

（1）干旱烟

①装烟。适当稠（密）装烟（增加20%）以利于保湿变黄。

②烘烤要点。低温、保湿、慢变黄是干旱烟烘烤的基本策略，在变黄阶段要加强保湿，干球温度35~37 ℃，保持干湿差在1 ℃左右，当湿球温度偏低或烤房内湿度过低时，应及时适当补湿；要大胆提高烟叶变黄程度，干球温度在39~41 ℃时，使烟叶叶片全部变黄。转入定色阶段要慢升温、稳排湿，使烟叶变黄与失水协调，在46~48 ℃时，湿球温度控制略高，宜40~41 ℃，并延长一段时间使烟叶主支脉完全变白，再逐渐升温至54 ℃，延长时间使全房叶片定色后，再转入干筋期。

（2）旱黄烟

①装烟。装烟比正常稍密，以利保湿。

②烘烤要点。旱黄烟并非真正成熟落黄，系干旱胁迫下的假熟，内含物欠充实，叶片结构紧密，保水能力强，脱水较困难，变黄和失水速度较慢，易出现烤青

和挂灰。充分变黄与相对较慢定色是旱黄烟烘烤的基本要点。变黄阶段，先把干球温度升到 40 ℃，干湿差 2 ℃，促使烟叶脱水变软后，再将温度降至 36 ℃，湿球温度控制在 36 ℃，保湿变黄。如烤房内湿度过低，可适当加水补湿。转入定色阶段，烟叶变黄程度要比正常烟叶略低，失水程度略高，48 ℃应充分延长时间，湿球温度控制在 37 ~ 38 ℃，保证烟筋和叶片局部含青部位在含水还较多时变黄，50 ℃ 前，升温速度为 1 ℃/（2 ~ 3）h，湿球在 37 ~ 38 ℃，干球 50 ℃之后湿球宜在 39 ℃左右，若变黄程度过高，应要加大排湿。干筋阶段转入正常烟叶烘烤。

（3）雨淋烟和含水量大的烟叶

①装烟。稀编竿、稀装炕，利于顺利排湿和及时定色。

②烘烤要点。变黄阶段，装烟后及时点火，以 1 ℃/h 的升温速度把干球升至 40 ℃，保持干湿差 3 ~ 4 ℃，使烟叶失水凋萎。干球 42 ℃时，湿球仍保持36 ~ 37 ℃，使烟叶变黄达到九成，失水达到凋萎塌架，主脉发软，叶尖和叶缘略有干燥状态。定色阶段以 1 ℃/h 的升温速度将干球升至 48 ℃，保持湿球控制在 38 ~ 39 ℃，使炕内烟叶全部变黄，叶片干燥达到小卷筒。以后按正常烟叶烘烤。

（4）返青烟

①装烟。装烟时宜稀不宜密。

②烘烤要点。高温变黄，低温定色，边变黄边定色。变黄阶段，点火后以 1 ℃/h的升温速度将干球温度升至 40 ℃左右，干湿差保持在 3 ~ 4 ℃，促进烟叶水分汽化排出，当烟叶变黄达到九成，叶片塌软，主脉变软，叶尖、叶边缘略干，转入定色，45 ~ 46 ℃应充分稳温延长时间，湿球温度控制在 37 ~ 38 ℃，至烟叶全黄，叶片勾尖卷边呈小卷筒，温度达到 48 ℃后进入正常烘烤。整个定色期湿球温度宜控制在 38 ℃左右。

（5）老黑暴烟

①装烟。装烟密度易适中，通常装正常状况的九成。

②烘烤要点。装烟后及时点火，以 1 ℃/h 的升温速度把干球升至 39 ℃，干湿差保持 3 ~ 4 ℃，促使烟叶变软、变黄，当第二层烟叶变黄到六至七成，失水到主脉一半，变软即转入定色阶段。

定色阶段升温速度要慢，以防回青和挂灰，以 1 ℃/（3 ~ 4 h）的升温速度升温，干球温度升到 43 ℃时加快排湿，干球升温到 45 ~ 47 ℃温度段，适当稳温，使叶片黄片青筋，在47～48℃延长时间，使烟叶达黄片黄筋小卷筒，整个定色阶段湿球温度控制在38℃左右。干筋阶段按正常烟叶烘烤。

（6）嫩黑暴烟

①装烟。稀编竿，稀装炕，利于顺利排湿和及时定色。

②烘烤要点。装烟后及时点火，以1℃/h的升温速度把干球温度升至40℃，湿球温度宜低，干湿差保持为4～5℃，使烟叶变黄初期先变软后变黄，防止变硬变黄。

判断烟叶变黄程度时，要全面观察，当第二层烟叶变黄五至六成，叶片主脉一半变软时，将干球温度以1℃/（2～3）h的升温速度升到44℃，保持湿球温度在36～37℃。边变黄，边排湿，边干燥定色，防止烟叶集中脱水，造成排湿困难把烟烤黑，干球温度为46～48℃，充分延长时间，使烟叶在主筋变黄的同时，进一步脱水干燥，直至全房烟叶大卷筒，在50℃前完成定色干片。干筋阶段按正常烟叶烘烤。

第十节　烤后原烟分级与储存

烤好的原烟比较干燥，拿放时易碎，还不能分级，因此烤后原烟需要堆放储存，利用空气湿度等方法进行原烟的回潮，使原烟的含水量达到适宜的量。根据攀枝花地区的气候条件，在农户短期储存时，要求烟叶含水量为14%～15%，分级出售时要求含水量为16%～17%。

一、烟叶回潮方法

1. 借助露水回潮

烟叶烤干后，将天窗、地道热风洞、辅助风洞、观察窗和烤房门全部打开，让其自然吸收空气中的水分，待叶片稍微回软，于晴天傍晚或黎明将烟叶卸下，叶尖朝一个方向轻拿轻摆在露天，并使后一竿的叶尖搭在前一竿的叶基上，一竿竿地略微重叠，避免叶尖触地吸湿过多，待接触地面的一面烟叶回软后再翻转，直至烟叶达到回潮要求（图24）。

图 24　烤后原烟回潮

2. 地面回潮

在空房泥土地面上铺垫草席，把出炉烟秆按顺序平放在地面上，再重叠堆放一、二层烟叶吸湿回软，但不可堆放过厚，以免压碎下层烟叶和阻碍空气流通，发生吸湿不均匀现象。

3. 晾挂回潮

在空房、棚子或编烟房内，用木头、粗铁丝等搭起担烟架，把出炉的干烟挂在烟架上回软。烟架层间保持 60 ~ 70 cm 距离，保证烟叶回潮一致。

4. 室内堆放回潮

可直接将烟叶脱竿或整竿按顺序散放于地面。不可集中堆放过厚或不按顺序乱堆，以防压碎下层烟叶和阻碍空气流通，给整理贮藏带来不便。在地面湿度大时，要铺草席等防潮物；当回潮达到要求时，要及时处理集中贮藏，以防造成回潮不均匀或回潮过度。

5. 密集式烤房人工回潮

按照 GB/T 23219—2008《烤烟烘烤技术规程》的要求执行。

烤烟季节湿度小的情况下，在烟叶干筋后，烤房温度降低到 40 ℃时，向烤房和加热室地面泼水，然后开风机通风，并用水管向炉顶、炉壁及散热管外壁上慢速喷注清水，使所产生的蒸汽回潮烟叶。若回潮当时火炉火管已明显回冷，要用柴草重新烧一段时间的中小火促进水的汽化。经 2 h 左右实现烟叶回潮。

二、回潮管理

及时检查、翻动、调换烟叶位置，待烟叶回软到支脉微软、容易折断、主脉干燥、烟叶含水量在 13% 左右时为适宜。此时若因时间关系无法解绳集中贮藏，要用塑料薄膜围盖防止继续回潮。

三、分级

烤烟分级按照 GB 2635—1992《烤烟》的要求执行,烟叶部位依次分级,并将分好级的原烟扎捆。

四、打包成件

捆烟绳长 100 cm,颜色非烟叶基本色,每捆 5~8 kg;散叶扎把规格为捆烟绳长 50 cm,颜色非烟叶基本色,每把 1~2 kg;专分散收扎捆规格为捆烟绳长 100 cm,颜色非烟叶基本色,每捆 5~8 kg。

1. 包装物

烟包包装物必须牢固、干燥、清洁、无破损、无异味、无残毒,并通过熏蒸消毒。

2. 装箱

烟叶打包装箱,要求两端对齐,叶尖朝内,叶柄朝外,排列整齐,循序相压,装箱时要仔细检查清除烟叶中的非烟物质。每包烟必须是同一等级,不允许混级打包烟叶,无水分超限烟叶。

3. 压包

烟叶压包厚度应依据烟叶状况进行适度调整控制。一般质量好、水分偏大的烟叶,适度压松包;对质量差、水分低的烟叶,适度压紧包。烟包压包成件规格为长 80 cm、宽 60 cm;品质上中等的要松散成包,成包烟厚度 40~45 cm;下等烟适度压紧,成包厚度 35~40 cm;每件烟包自然破损率不超过 3%。

4. 缝包

烟叶成件时包形方整,无偏角、畸形和大小包头,捆包三横二竖,走直拉紧,距离均匀。缝包时应针脚均匀,小空 2 针、大空 3 针、包角 4 针,总针数不少于 44 针,烟叶不外露。对于包体肥大,或一头厚一头薄的要返工重整。

5. 质量

烟包成件净重为 40 kg,每包烟净重误差正负不得超过 0.5%。

五、烤烟标识

1. 标识位置

成包后的烤烟应立即在烟包对角挂上烟包标识外标识,在烟包内要放入内标识，内外标识的内容要保持一致。

2. 标识内容

烟包标识由市级烟草管理局（公司）统一制作，内外标识用不同颜色区别并注明，标识内容包括产地、县区、烟站名称、等级、质量、品种、成件日期、定级员、过磅员。如手工填写的要求清晰、准确。

3. 堆码

及时将挂好标识的烟包分等级进行规范堆码（图25）。

图 25　分级好的烤烟打捆后整齐码放

六、储存保管

储存保管地点选择遮光、封闭、干燥的房屋或谷仓储存烟叶，禁止用堆放化肥、农药的场所储存烟叶。

储存前应对储存地进行清扫和防虫处理。

在地面铺垫木板或搭建离地 30 cm 高的堆放台架。

第十一节　烟田配套前茬（后茬）

烤烟前茬（后茬）是指在同一块地上种植烤烟前所种的作物，适宜于烤烟种植的前茬作物主要有鲜食豌豆、油菜、小麦、大麦、光叶紫花苕、苦荞、蓝花子等。通过种植烤烟前茬（后茬）作物，可以涵养地力，提高烤烟周年效益，前茬作物秸秆翻压等可以达到培育土壤的目的。现介绍几种攀枝花适宜烤烟前茬（后茬）且比较有代表性作物的栽培技术。

一、鲜食豌豆种植技术

鲜食豌豆的幼苗能耐 5 ℃低温，生长期适温 12~16 ℃，结荚期适温 15~20 ℃，超过 25 ℃受精率低、结荚少、产量低。适宜攀枝花市在气候冷凉的二半山区烟地，烤烟采收结束后种植。

1. 品种

鲜食豌豆品种可以选择中豌 4 号、中豌 6 号、须菜 1 号等品种。播期在 9—10 月。中豌 4 号，中豌 6 号播种量在 10~13 kg/亩，须菜 1 号播种量在 18~20 kg/亩。

2. 播期及播种量

烤烟收获后及时拔除烟杆并耕翻土地，做到土壤疏松无残茬。中豌 4 号和中豌 6 号采用穴播和条播，穴播行距 30~35 cm，株距 8~10 cm，每穴 3~4 粒，也可开沟条播，行距与穴播相同。须菜 1 号为蔓生种，实行撒播。

3. 管理

（1）田间管理

豌豆的田间管理主要有中耕除草。幼苗出齐后，应及时进行第一次中耕除草。第二次除草在初花前进行，进入开花期严禁除草。除草通常在禾本科杂草 2~4 叶期进行。

（2）水肥管理

在豌豆长出 4~5 片真叶时，浇施复合肥 5 kg/亩。中豌 4 号和中豌 6 号在现蕾、开花期需施复合肥 10 kg/亩，须菜 1 号要加大施肥量，可施 15 kg/亩。结荚期叶面喷施磷肥及硼、钼等微量元素肥，以利于增加花荚数，促进籽粒饱满，并注意根据土壤墒情浇水。

（3）病虫害防治

①防治豌豆的白粉病、锈病，选择 15% 三唑酮稀释 400 倍、硫黄胶悬剂稀释 200~300 倍、硫悬乳液稀释 400 倍、70% 甲基托布津稀释 600 倍液或者 40% 粉锈清稀释 600 倍喷雾防治。

②防治炭疽病、轮纹病、褐斑病，选择 50% 扑海因稀释 600~700 倍、退菌特稀释 1 000 倍、70% 甲基托布津稀释 600 倍液、77% 可杀得 2 000 用稀释 900~1 000 倍或者 75% 百菌清稀释 600 倍喷雾防治。

③防治根腐病可用 50% 福美双稀释 500 倍或者 70% 敌克松稀释 600 倍浇根防治，也可在播种时用退菌特拌种后进行预防。斑潜蝇，选择 99% 杀虫单原粉稀释 1 500 倍、1.8% 集琦虫螨克 20 mL/亩、0.9% 爱福丁乳油稀释 1 000 倍、25% 斑潜净乳油稀释 1 000 倍、5% 锐劲特悬乳液 30 mL/亩或者 2.5% 阿巴丁乳油稀释 2 000 倍喷雾防治。

④防治蚜虫可选择 24% 万灵水剂稀释 2 500 倍、吡虫啉稀释 1 500 倍或者 5% 快杀敌乳油稀释 1 500 倍等药剂进行防治。

（4）采收

豌豆豆荚饱满，荚色由绿变淡时为最佳采收期，此时鲜荚出豆粒高，品质好。豆秸可直接粉碎还田或者堆沤还田。

二、油菜种植技术

1. 品种

油菜品种可选川油 21、德油 4 号、德油 5 号等双低早熟品种。

2. 播期

油菜种子发芽的最低温度为 3 ℃，最适发芽温度为 25 ℃，开花期 14~18 ℃，角果发育期 12~15 ℃，且昼夜温差大，有利开花和角果发育，增加干物质和油分的积累。种子发芽适宜土壤水分含量为田间最大持水量的 60%~70%。播种前可晒种 1~2 d，用 1% 浓度的硫酸铜液浸种 3~4 h，或用 5% 多菌灵拌种后，拌等量的草木灰或细土待播。

3. 管理

1）育苗移栽

（1）苗床准备

①苗床选择。苗床地应选择在交通便利、水源充足、地势平整、土质疏松肥沃的田块，苗床大小与大田种植面积的适宜比例为 1:5~1:7。

②苗床整理。翻耕 10~20 cm 后开厢，厢面宽 100~150 cm，沟宽 20~30 cm，沟深 15~20 cm。细碎土壤，清除杂草，平整厢面。

③苗床施肥。每亩施农家肥 500 kg，复合肥 50 kg，在整地前均匀施于苗床表面。

（2）播种

①播种时间。育苗移栽油菜中熟品种播种期在 9 月中下旬为宜，早熟品种推后

7 ~ 10 d 播种。

②播种量。苗床播种量为 400 ~ 500 g/亩。

③播种方式。播种时按厢分好种量，按 1∶1 混入草木灰或细土，搅拌均匀后撒播。播种后喷施水分，并盖草木灰或细土，厚度为能盖住种子为宜。

（3）苗床管理

①间苗定苗。苗齐后及时拔除丛生苗，待幼苗长至 3 ~ 4 片真叶时间苗、定苗，留苗 90 ~ 110 株/m²。

②追肥。定苗后施尿素 5 kg/亩的提苗肥，移栽前 7 d 施尿素 5 kg/亩。

③防治病虫。油菜出苗后 2 片真叶期防治虫害，每隔 3 ~ 7 d 用 10% 吡虫啉稀释 800 倍液或者 0.5% 甲氨基阿维菌素苯甲酸盐稀释 800 倍液喷雾防治菜青虫、蚜虫、黄曲跳甲、小菜蛾、甜菜夜蛾、白粉虱等，每亩用灭菌威粉剂 30 g 兑水 50 L，喷雾防治茎腐病、病毒病等。

（4）移栽

①整地。烤烟收获后，及时清除根茎杂草，将过磷酸钙 20 ~ 25 kg/亩、复合肥 50 ~ 70 kg/亩、硼肥 1 kg/亩混合均匀，撒入田块后深翻 20 ~ 25 cm，然后耙平耙细作畦。畦宽 120 ~ 150 cm，沟宽 30 cm，沟深 20 cm，田块四周开好排水沟。

②移栽时期。在苗龄 30 ~ 45 d，叶片 5 ~ 7 片时移栽。

③起苗。起苗前 1 d 喷水湿润苗床，带土起苗，起苗时取壮留弱。

④移栽方法。移栽采用等行种植，宽行密株，行距 30 ~ 35 cm，株距 15 ~ 20 cm，移栽时根部要压紧，浇足定根水，并培土。移栽密度高肥力田 8 000 ~ 9 000 株/亩，中肥力田 10 000 株/亩，低肥力田 12 000 ~ 15 000 株/亩。

2）露地直播

（1）播种期

9 月下旬至 10 月中旬，最迟不能晚于 10 月 20 日。

（2）密度

播种密度为 12 000 ~ 15 000 株/亩。

（3）基肥用量

将过磷酸钙 20 ~ 25 kg/亩、复合肥 50 ~ 70 kg/亩、硼肥 1 kg/亩混合均匀，撒入田块后深翻 20 ~ 25 cm，穴播或条播时基肥可施入穴内或条播沟内。

（4）播种方法

可采用穴播、撒播、条播三种方式。用种量为 400～450 g/亩，混入细土或草木灰进行播种，穴播每穴播 3～4 粒种子，播种后用土轻盖。

（5）定苗间苗

在出苗后 2～3 片真叶时间苗，3～4 片真叶时定苗，去除弱小杂株病苗。

3）田间管理

（1）查苗补缺

油菜移栽 7 d 后，及时查苗补缺，发现死苗或缺株，用苗床的预备苗进行带土移栽。直播油菜在苗齐后进行查苗，发现断苗或缺穴，可从其他垄或穴匀苗补缺。

（2）追肥

油菜苗移栽后 7～10 d，直播苗长至 4～5 片真叶时，用 10 kg/亩的尿素按照 2% 的浓度进行淋施，偏重对弱小苗的追施。

（3）培肥

在 11 月底 12 月初，油菜进入抽薹前，施入 25～35 kg/亩的复合肥，并进行培土。

（4）抗旱

攀枝花旱季持续时期长，当油菜植株下部茎叶发红，叶色暗绿无光泽时及时抗旱，可进行沟灌或浇灌，可淋施 10 kg/亩的尿素。

（5）冷害处理

一般年份所选油菜品种均能在攀枝花市安全过冬，若在特殊年份遭遇冷害，部分叶片呈半透明，皱缩，可淋施 2% 尿素溶液，缓解冷害。

4）病虫害防治

（1）蚜虫防治

在末花期喷施吡虫灵防治蚜虫，视蚜虫严重程度连续间隔 5 d 喷施吡虫灵 3～5 次。

（2）潜叶蝇幼虫防治

在末花期发现潜叶蝇幼虫的蛀道时可用 90% 晶体敌百虫每亩 50～70 g，兑水 60 L，喷雾防治。

（3）白粉病防治。土壤肥力较高的田块要注意在开花末期防治白粉病，可用 15% 三唑酮可湿性粉剂稀释 1 500～2 000 倍液喷施。

（4）菌核病防治

在油菜初花期，用70%甲基托布津可湿性粉剂有效成分50～62.5 g/亩，兑水40～50 L，每7～10 d喷雾1次，共喷两次，若遇雨天，可考虑喷施第三次。

（5）根肿病防治

移栽时可用2%的石灰水作为定根水，移栽后油菜3叶期时重点防治，可用敌克松稀释500倍液、菌毒清稀释200倍液、复方多菌灵稀释600倍液，间隔10 d灌根1次，连续防治2～4次。

5）采收

当油菜植株70%～80%的角果呈枇杷色，即角果"上白中黄下绿"，籽粒颜色转为褐色时及时收割，堆垛晾晒，5～7 d后及时脱粒，扬净晒干入库。秸秆可直接粉碎还田或者堆沤还田。

6）注意事项

①遇涝能排，雨后田间不积水。特别是在现蕾期和结荚期更应注意防渍防旱。

②追肥管理。光叶紫花苕作为养地作物，一般不用追肥。但苗期生长不好的，每亩可用尿素4～5 kg配合清粪水泼洒，在多数土壤上均有明显的增产效果。

三、冬小麦种植技术

冬小麦宜在攀枝花市气候冷凉的二半山区烟地，秋播种植。其适宜的播种期日平均气温为16～18 ℃，拔节期适宜温度为12～14 ℃，孕穗期为16～18 ℃。抽穗扬花期生长的最适温度为18～20 ℃，低于10 ℃会影响授粉，造成不结实；高于35 ℃，则会引起花粉活力降低，结实率会显著降低。冬小麦灌浆期的适宜气温为18～22 ℃，日平均气温高于26 ℃时，将停止灌浆；高于30 ℃，会引起干热风危害。

1. 品种选择

选用通过国家或四川省农作物品种审定委员会审定的小麦品种。以半冬性品种为主，选择高抗条锈病、抗倒、丰产性好的品种，如川麦104、川辐14等。

2. 播期及播种量

宜选择10月中旬至11月上旬播种。播种过迟，因气温降低导致苗小苗弱，有效分蘖降低；播种过早，易受霜冻害侵害。肥力中等的土壤基本苗在14万株/亩左右，每亩所需麦种约为15 kg；上等肥力地块在此基础上适量减少，下等肥力地块则适量增加。

3. 整地播种

烤烟收获后，及时拔除烟杆并耕翻土地，做到土壤疏松无残茬。冬小麦播种根据条件可以撒播和条播。撒种后选择耙齿或旋耕机浅耕一次。深度控制在 3~4 cm，过深不利出苗和分蘖发生，过浅则可能盖种不严，影响全苗。有条件可以苗前镇压一次。小麦条播一般情况下株距 10~15 cm，行距 25~30 cm。

4. 田间管理

（1）肥料施用

施足底肥可以促进小麦幼苗生长、分蘖早生快发。选择以氮、磷为主，适当兼顾钾的复合肥作为底肥，每亩施用复合肥（氮 28－磷 10－钾 12）35 kg 或其他等效肥料。分蘖肥有利于穗轴迅速延长，节片快速分化。分蘖肥以速效肥料为主，每亩施用尿素 3~5 kg 效果较好。

（2）水分管理

播种前或刚播种之后灌一次"跑马水"。拔节前后灌一次拔节水，抽穗至扬花期要进行一次引水灌溉。

（3）除草

小麦苗期需进行一次除草，每亩用骠马 50 mL、麦喜 10 mL 兑水 30 L 混合喷施，效果良好。

5. 病虫害防治

（1）拔节－孕穗期病虫害防控

在拔节孕穗期需密切关注田间病虫害发生情况，主要是条锈病和蚜虫的发生，需及时喷药防治。蚜虫可用 20 g 10% 吡虫啉，条锈病可用 70 g 15% 粉锈宁可湿性粉剂兑水 30 L 混合喷雾。

（2）抽穗开花期"一喷多防"

抽穗开花期是赤霉病防控的关键时期，该时期可结合其他病虫害防控实施"一喷多防"，具体方法为齐穗至开花初期，每亩用 70% 甲基硫菌灵 100 g、10% 吡虫啉 20 g、15% 粉锈宁可湿性粉剂 70 g 和磷酸二氢钾 100 g，兑水 30 L 混合喷雾。

6. 采收

小麦收获期为蜡熟末期至完熟初期，此时收获的小麦千粒重和产量最高。收获过早或过晚，均会导致千粒重和产量降低。

参考文献

［1］唐远驹．关于烤烟香型问题的探讨［J］．中国烟草学报，2011，32（3）：1-7.

［2］罗登山，王兵，乔学义．《全国烤烟烟叶香型风格区划》解析［J］．中国烟草学报，2019，25（4）：1-9.

［3］郑传刚．攀西烟区烤烟质量分区及其提质栽培技术研究［D］．成都：四川农业大学，2015.

［4］姜慧娟，赵铭钦，刘鹏飞，等．烤烟香型划分及质量特征研究进展［J］．浙江农业科学，2012（12）：1628-1632.

［5］张红，阳苇丽，肖勇，等．四川省烤烟香型风格区划及特征［J］．四川农业科技，2018（5）：10-13.

［6］张婷，柳均，黎妍妍，等．湖北烤烟香型、香韵及香气物质关系分析［J］．南方农业学报，2021，52（2）：385-392.

［7］鲁黎明，刘燕，雷强，等．四川主产烟区烤烟致香前体物质含量差异分析［J］．河南农业科学，2012，41（8）：52-56.

［8］程昌新，卢秀萍，许自成，等．基因型和生态因素对烟草香气物质含量的影响［J］．中国农学通报，2005，21（11）：137-139，182.

［9］王能如，李章海，王东胜，等．我国烤烟主体香味成分研究初报［J］．中国烟草科学，2009，30（3）：1-6.

［10］马君红．四川省烤烟品质区划与风格特色定位研究［D］．郑州：河南农业大学，2014.

［11］冼可法，沈朝智，戚万敏．云南烤烟中性香味物质分析研究［J］．中国烟草学报．1992，（02）：1-9.

［12］李玲燕．烤烟典型产区烟叶香气物质关键指标比较研究［D］．北京：中国农

业科学院，2015.

[13] 李伟，陈江华，詹军，等. 烤烟香型间致香物质组成比例及其差异分析 [J]. 中国烟草学报，2013，19（2）：1-6.

[14] 景延秋，宫长荣，张月华，等. 烟草香味物质分析研究进展 [J]. 中国烟草科学，2005，（2）：44-48.

[15] 王俊，刘雷，陶德欣. 四川五个烟区烤烟挥发性香气成分比较分析 [J]. 湖北农业科学，2016，55（7）：1815-1818.

[16] 杨君，高宏建，张献忠，等. 烟草香味物质及其精油应用研究进展 [J]. 香料香精化妆品，2012，（3）：45-49.

[17] 叶荣飞，赵瑞峰. 烟草香气物质来源 [J]. 广东农业科学，2011（5）：51-53.

[18] 刘冰洋，张小全，张鋆鋆，等. 气象因子对高香气烤烟品种主要香味前体物含量的影响 [J]. 中国生态农业学报，2016，24（9）：1214-1222.

[19] 李晨营，陈彪，张玉，等. 基于51份烤烟种质的四川、山东烟叶致香物质含量特色比较 [J]. 中国烟草科学，2021，42（5）：7-14.

[20] 刘好宝. 清甜香烤烟质量特色成因及其关键栽培技术研究 [D]. 北京：中国农业科学院，2012.

[21] 段胜智，李军营，杨利云，等. 烟叶致香物质及其环境影响因子的研究进展 [J]. 贵州农业科学 2015，43（1）：45-52.

[22] 罗勇，陈永安，潘文杰，等. 气候与土壤对烤烟香气前体物和香型风格的影响 [J]. 贵州农业科学 2012，40（12）：76-79.

[23] 赵阳. 曲靖烟区大田期日照时数与烟叶品质的关系 [D]. 郑州：河南农业大学，2012.

[24] 王林，曹明峰，邓勇，等. 气象因子与烤烟美拉德反应产物的相关分析 [J]. 南方农业学报，2020，51（08）：1998—2004.

[25] 程林仙，王安柱. 渭北旱作区干旱对烤烟产量和品质的影响及覆盖抗旱栽培技术 [J]. 中国农业气象，1999，17（2）：18-21.

[26] 张广普. 烟叶香味物质含量的生态差异及其气象因子响应分析 [D]. 郑州：河南农业大学，2013.

[27] 顾欣，田楠，付继刚，等. 利用区域自动站资料对黔东南烤烟种植气候适宜

性及精细区划归类分析 [J]. 西南师范大学学报（自然科学版），2014，39
（3）：143-150.

[28] 韩锦峰，汪耀富，杨素勤. 干旱胁迫对烤烟化学成分和香气物质含量的影响
[J]. 中国烟草，1994，（1）：35-38.

[29] 汪耀富，宋世旭，杨亿军. 成熟期灌水对烤烟化学成分和致香物质含量的影
响 [J]. 灌溉排水学报，2007，26（3）：101-104.

[30] Severson RF. Quantitation of the major components from green leaf of different tobac-
co types [J]. J. Agric. Food Chem. ，1984，32：566-570.

[31] 温永琴，徐丽芬，陈宗瑜，等. 云南烤烟石油醚提取物和多酚类与气候要素
的关系 [J]. 湖南农业大学学报，2002，28（2）：103-105.

[32] 周会娜，刘萍萍，张玉霞，等. 八大香型风格新鲜烟叶代谢特征的生态成因
分析 [J]. 烟草科技，2022，55（6）：19-26.

[33] 李祖良，刘国顺，张庆明，等. 成熟期淹水对烤烟石油醚提取物、主要化学
成分及致香物质含量的影响 [J]. 核农学报，2012，26（2）：369~372.

[34] 杜娟. 曲靖清香型烤烟风格形成的土壤因素和烟叶品质特点分析 [D]. 郑
州：河南农业大学，2012.

[35] 常寿荣，吴涛，罗华元，等. 烤烟品种、部位及生态环境对烟叶致香物质的
影响术 [J]. 云南农业大学学报，2010，25（1）：58-62.

[36] 解莹莹，程昌合，夏琛，等. 土壤类型对凉山烤烟品质的影响 [J]. 安徽农
业科学，2010，38（36）：20681-20685.

[37] 刘芸，段凤云，周廷中，等. 不同土种对烤烟品种 K326 致香成分的影响
[J]. 昆明学院学报，2008，30（4）：55~59.

[38] 程恒，罗华元，杜文杰，等. 云南不同生态因子对烤烟品种 K326 致香成分的
影响 [J]. 中国烟草科学，2013，34（3）：70-73.

[39] 任永浩，陈建军，马常力. 不同根际 pH 值下烤烟香气化学成分的研究 [J].
华南农业大学学报，1994，15（1）：127-132.

[40] 徐晓燕，孙五三，李章海，等. 烤烟根系合成烟碱的能力及 pH 值对其根系
和品质的影响 [J]. 安徽农业大学学报，2004，31（3）：315-319.

[41] 连培康，叶红朝，赵世民，等. 洛阳烟区土壤有机质状况及与烟叶中性致香

物质的关系分析 [J]. 江西农业学报 2015, 27 (3): 40~44.

[42] 王超, 程昌新, 杨应明, 等. 云南烟区烟叶致香物质与土壤养分的关系分析 [J]. 郑州轻工业学院学报（自然科学版）, 2013, 28 (3): 33-37.

[43] 庄云, 武小净, 李德成, 等. 湘南和湘西烟田土壤系统分类及其与烤烟香型之间的关系 [J]. 土壤, 2014, 46 (1): 151-157.

[44] 王浩雅, 孙力, 简彬, 等. 海拔高度对烤烟品质影响的研究进展 [J]. 云南大学学报（自然科学版）, 2010, 32 (S1): 222~226.

[45] 王世英, 卢红, 杨骥. 不同种植海拔高度对曲靖地区烤烟主要化学成分的影响 [J]. 西南农业学报, 2007, 20 (1): 45-48.

[46] 简永兴, 杨磊, 陈亚, 等. 海拔高度对湘西北烟叶影响 [J]. 作物杂志, 2006 (3): 26-29.

[47] 简永兴, 董道竹, 杨磊. 湘西北海拔高度对烤烟多元酸及高级脂肪酸含量的影响 [J]. 湖南师范大学: 自然科学学报, 2007, 30 (1): 72-75.

[48] 韩锦峰, 刘维群, 杨素勤等. 海拔高度对烤烟香气物质的影响 [J]. 中国烟草, 1993 (3): 1-3.

[49] 李继新, 潘文杰, 田野, 等. 贵州典型生态区烟叶质量特点分析 [J]. 中国烟草科学, 2009, 30 (1): 62-67.

[50] Weeks W. W. Differences in aroma, chemistry, solubilities, and smoking quality of cured fiue-cured tobaccos with aglandular and glandular trichomes [J]. J. Agric. Food Chem., 1992, 40: 1911—1917.

[51] 王瑞新, 马常力, 韩绵峰等. 烤烟不同品种香气物质成分的定量分析 [J]. 河南农业大学学报, 1991, 25 (2): 151-154.

[52] 许美玲, 焦芳婵, 吴兴富, 等. 烤烟种质资源致香成分分析 [J]. 江西农业学报, 2022, 34 (02): 127-139.

[53] 卢秀萍, 许仪, 许自成, 等. 不同烤烟基因型主要挥发性香气物质含量的变异分析 [J]. 河南农业大学学报, 2007, 41 (2): 143-148.

[54] 张双双, 闫铁军, 刘国顺, 等. 不同基因型烤烟化学成分及致香物质差异研究 [J]. 江苏农业科学, 2012, 40 (4): 286-289.

[55] 夏时波, 周冀衡, 李鹏飞, 等. 云南文山烟区烤烟品种致香物质含量的差异

[J]. 作物研究, 2014, 28 (4): 379-383.

[56] 周小红, 刘国顺, 贾方方, 等. 不同香型、基因型烤烟致香物质含量与感官质量差异研究 [J]. 江西农业学报 2015, 27 (3): 56~61.

[57] 吴兴富, 焦芳婵, 陈学军, 等. 清香型烟叶产区基因型选择 [J]. 中国烟草学报, 2019, 25 (2): 29-39.

[58] 张云贵, 刘青丽, 王建伟, 等. 基于气象因子的烤烟香型分区模型构建及应用 [J]. 烟草科技, 2015, 48 (10): 19-25.

[59] 刘炳清, 翟欣, 许自成, 等. 贵州乌蒙烟区清甜香烤烟风格的区域分布及其气候特征分析 [J]. 河南农业大学学报, 2014, 48 (5): 542-549.

[60] 杨鹏. 攀枝花烤烟质量特点分析及综合评价 [D]. 北京: 中国农业科学院, 2011.

[61] 肖勇, 杨兴有, 靳冬梅, 等. 四川三种香型风格产区烟叶化学成分特征分析 [J]. 南方农业, 2020, 14 (31): 6-11.

[62] 朱树良, 夏春雷, 王朝佐, 等. 优化耕作制度促进云南主产区烟叶生产可持续发展 [J]. 中国烟草科学, 2005, (3): 5-8.

[63] 李再胜, 向裕华, 蒋加奇, 等. 不同前茬对攀枝花烤烟产量和质量的影响 [J]. 西昌学院学报, 2019, (1): 10-12.

[64] 赵会纳, 雷波, 王茂盛, 等. 不同轮作模式对烤烟产质量的影响 [J]. 贵州农业科学, 2013, 41 (7): 63-66.

[65] 吴哲宽, 孙光伟, 陈振国, 等. 不同轮作模式对烤烟产质量的影响 [J]. 山西农业科学, 2019, 47 (3): 370-373.

[66] 杜成勋, 李一平, 吕忠东, 等. 攀枝花市烤烟降水资源分析 [J]. 贵州气象, 2007, 31 (1): 16-18.

[67] 杨军伟, 曾庆宾, 张瑞平, 等. 攀枝花市烟区土壤有机质及氮素变化分析 [J]. 湖北农业科学, 2016, (9): 2195—2197.

[68] 杨建春, 杨军伟, 曾庆兵, 等. 攀枝花烟区土壤速效磷、钾变化趋势分析 [J]. 湖北农业科学, 2016, (8): 1920—1923.

[69] 郭亚利, 李明海, 吴洪田, 等. 烤烟根系分泌物对烤烟幼苗生长和养分吸收的影响 [J]. 植物营养与肥料学报, 2007, 13 (3): 458-463.

［70］张仕祥，过伟民，李辉信，等. 烟草连作障碍研究进展［J］，土壤，2015，47（5）：823－829.

［71］古战朝，习向银，刘红杰，等. 连作对烤烟根际土壤微生物数量和酶活性的动态影响［J］. 河南农业大学学报，2011，45（5）：508－513.

［72］于宁，关连珠，娄翼来，等. 施石灰对北方连作烟田土壤酸度调节及酶活性恢复研究［J］. 土壤通报，2008，39（4）：849－851.

［73］潘周云，包正元，田景先，等. 绿肥压青对植烟土壤改良研究进展［J］. 安徽农学通报，2019，25（16）：115－117.

［74］周兴华. 烟稻轮作与烟草土传病害发生关系的初步探讨［J］. 中国烟草，1993，（2）：39－40.

［75］何念杰，唐祥宁，游春平，等. 烟稻轮作与烟草病害关系的研究［J］. 江西农业大学学报，1995，17（3）：294－298.

［76］孟玉芳，焦永鸽，张立猛，等. 四种作物根系分泌物对烟草疫霉的抑菌活性分析［J］，植物保护，2018，44（5）：189－193。

［77］黄光荣. 烟蒜轮作增产增效的作用与评价〔D〕. 贵阳：贵州大学硕士学位论文，2007.

［78］钏有聪，张立猛，焦永鸽，等，大蒜与烤烟轮作对烟草黑胫病的防治效果及作用机理初探［J］，中国烟草学报，2016，22〔5〕55－62.

［79］宋文静，禚其翠，梁洪波，等. 大蒜根系腐解物对烤烟黑胫病的影响［J］. 华北农学报，2018，33（A01）：273－277

［80］刘国顺，罗贞宝，王岩，等，绿肥翻压对烟田土壤理化性状及土壤微生物量的影响［J］. 水土保持学报，2006，20（1）：95－98.

［81］邰守哲，李觅，朱山，等. 绿肥不同施用量对烤烟产质量的影响［J］. 现代农业科技，2012，21：9－10.